全国技工院校计算机类专业（中／高级技能层级）

HTML5+CSS3
网页设计与制作
实训题集

主 编 郭 煜

中国劳动社会保障出版社

简介

本书是全国技工院校计算机类专业教材（中/高级技能层级）《HTML5+CSS3 网页设计与制作》的配套实训题集。

本书按照教材项目、任务顺序编排，根据教材讲授的知识与技能设置实训任务，具有较强的可操作性和拓展性，帮助学生进一步巩固所学知识，锻炼实际操作技能。

完成本书中实训任务所需的相关素材可通过技工教育网（http://jg.class.com.cn）下载使用。

本书由郭煜任主编，胡洪珍、林炯龙、林晓仪、武龙、谢冠怀、许振文、钟爱青参与编写。

图书在版编目（CIP）数据

HTML5+CSS3 网页设计与制作实训题集 / 郭煜主编. -- 北京：中国劳动社会保障出版社，2023

全国技工院校计算机类专业. 中/高级技能层级

ISBN 978-7-5167-5839-7

Ⅰ.①H… Ⅱ.①郭… Ⅲ.①超文本标记语言－程序设计－技工学校－习题集②网页制作工具－技工学校－习题集 Ⅳ.①TP312.8-44②TP393.092.2-44

中国国家版本馆 CIP 数据核字（2023）第 073175 号

中国劳动社会保障出版社出版发行

（北京市惠新东街 1 号 邮政编码：100029）

*

北京宏伟双华印刷有限公司印刷装订 新华书店经销

787 毫米 ×1092 毫米 16 开本 7 印张 138 千字

2023 年 6 月第 1 版 2024 年11月第 4 次印刷

定价：18.00 元

营销中心电话：400-606-6496

出版社网址：http://www.class.com.cn

http://jg.class.com.cn

目　录

CONTENTS

项目一
使用 HTML5+CSS3 制作响应式网页

第一阶段　制作网页内容

实训任务 1　配置工作环境

一、任务情境

在互联网时代，网页扮演着信息传递的角色，被大家广泛使用。小吴是位网页技术初学者，希望自己也能开发一个网页，用于分享信息。为此，他在互联网上进行相关调研，以确定一款网页开发软件，获取、安装该软件，完成必要的配置并熟悉其界面，为下一步学习做好准备。

二、任务分析

本次任务的内容是调研目前流行的网页开发工具软件，比较各软件的优缺点，确定合适的网页开发工具软件，完成该软件的下载、安装和配置，并熟悉其操作界面和基本功能。

三、计划制订

根据任务分析，制订完成本任务的工作计划，填入表 1–1–1 中。

表 1–1–1　工作计划

序号	工作内容	所需时间

续表

序号	工作内容	所需时间

四、知识准备

查阅资料，了解表 1–1–2 列出的完成本任务可使用的网页开发工具，并简述其特点。

表 1–1–2　网页开发工具及其特点

序号	网页开发工具	特点
1	Visual Studio Code	
2	Adobe Dreamweaver	
3	Aptana Studio	
4	HbuilderX	

续表

序号	网页开发工具	特点
5	BlueGriffon	
6	Sublime Text	
7	Rendera	

五、任务实施

根据任务要求和工作计划，按照表 1-1-3 所列操作步骤提示完成操作。

表 1-1-3　操作步骤提示

序号	操作步骤	内容
1	选择和下载软件	选择合适的网页开发工具软件，并通过软件官方网站或其他正规渠道进行下载
2	安装软件	双击所下载安装包中 exe 格式的可执行文件，按照软件安装向导的提示完成软件的安装
3	熟悉软件界面并配置软件	熟悉软件界面各组成部分，将软件中使用的语言设置为中文，并对主题及字体大小进行设置
4	测试软件	新建一个网页文件，输入简单的代码并保存

六、任务评价

任务完成后，向同学展示任务成果，解说完成任务过程中的心得体会。展示完毕，可以从软件选择、软件下载、软件安装等方面，采用学生自评、学生互评、教师评价相结合的多元评价方式对该任务进行评价，任务评价表见表 1-1-4。

表 1-1-4　任务评价表

序号	评价要求	学生自评（占比 30%）	学生互评（占比 30%）	教师评价（占比 40%）
1	软件选择恰当（20 分）			
2	能正确下载、安装软件并完成基本配置（30 分）			
3	能叙述软件界面各组成部分，完成简单测试（30 分）			
4	成果展示及工作过程分享时逻辑清晰、表达清楚（20 分）			
综合得分				

七、知识巩固与提高

1. 下列选项中，不是 HTML5 编辑器的是（　　）。

A. Sublime Text　　B. Notepad++
C. Adobe Photoshop　　D. H5P

2. 在 Visual Studio Code 中，使用（　　）快捷键可以打开新窗口。

A. Ctrl+Shift+N　　B. Ctrl+N
C. Shift+N　　D. Ctrl+Alt+N

3. 在 Visual Studio Code 中，使用（　　）快捷键可以打开文件。

A. Ctrl+Shift+O　　B. Ctrl+O
C. Shift+O　　D. Ctrl+Alt+O

4. 在 Visual Studio Code 中，使用（　　）快捷键可以打开主命令面板。

A. Ctrl+Shift+P　　B. Ctrl+P
C. Shift+P　　D. Ctrl+Alt+P

5. 在 Visual Studio Code 中，使用（　　）快捷键可以在已打开的文件之间切换。

A. Ctrl+Shift　　B. Ctrl+Alt
C. Shift+Tab　　D. Shift+Alt

实训任务 2　编写网页内容的结构

一、任务情境

小吴已经安装并配置好 Visual Studio Code 软件，接下来他需要熟悉软件的基本操作，编写一个含有 HTML 文字结构标签的网页，并使其能够在移动端正常显示，以方便移动端用户浏览和分享。

二、任务分析

本次任务的内容是通过新建 HTML 页面、编写 HTML 结构标签和为移动设备设置代码等操作，完成网页内容结构的编写，并使用浏览器开发者工具下的响应式模式进行测试。

三、计划制订

根据任务分析，制订完成本任务的工作计划，填入表 1-2-1 中。

表 1-2-1　工作计划

序号	工作内容	所需时间

四、知识准备

按照表 1-2-2 的提示，完成本任务涉及的 HTML 结构标签相关知识的填写。

表 1-2-2　HTML 结构标签

序号	内容	标签
1	声明	
2	HTML 文件的开头与结尾	
3	头部标记	
4	页面标题	
5	网页元数据	
6	主体部分标记	
7	注释	

五、任务实施

根据任务要求和工作计划，按照表 1-2-3 所列操作步骤提示完成操作。

表 1-2-3　操作步骤提示

序号	操作步骤	内容
1	创建网页	打开 Visual Studio Code 软件，新建网页文件
2	添加结构标签	输入 HTML 结构标签和移动设备设置代码
3	保存	保存为网页文件
4	测试	在浏览器中进行测试

六、任务评价

任务完成后，向同学展示作品，解说完成任务过程中的心得体会。展示完毕，可以从软件操作、作品效果、成果展示等方面，采用学生自评、学生互评、教师评价相结合的多元评价方式对该任务进行评价，任务评价表见表 1-2-4。

表 1-2-4 任务评价表

序号	评价要求	学生自评（占比 30%）	学生互评（占比 30%）	教师评价（占比 40%）
1	能应用软件创建网页，正确管理网页文件（20 分）			
2	能使用正确的 HTML5 结构标签编写网页结构，格式正确，且有必要的注释（40 分）			
3	能使用浏览器及其开发者工具测试网页移动端显示状态（20 分）			
4	作品展示及工作过程分享时逻辑清晰、表达清楚（20 分）			
综合得分				

七、知识巩固与提高

1. 填空题

（1）__________________声明位于文档中最前面的位置，处于 <html> 标签之前，此标签可告知浏览器文档使用哪种 HTML 或 XHTML 规范。

（2）在 HTML5 文档中，必须包含__________________标记，分别放在 HTML5 文档的开始和结束位置。

（3）____________是页面注释标记，是在 HTML 代码中插入的描述性文本，用来解释该代码或提示其他信息。

（4）____________元素用于定义文档的页眉，是具有引导和导航作用的结构元素。

（5）__________元素用于标记文档的脚注，一般是一个页面的尾部信息。

2. 单项选择题

（1）(　　) 标签是 HTML 的头部标记。

A. <html>　　B. <meta>　　C. <head>　　D. <header>

（2）标识一个 HTML 文件应使用的 HTML 标记是 (　　)。

A. <head></head>　　B. <body></body>

C. <html></html>　　D. <section></section>

（3）用 HMTL 标记语言编写一个简单的网页，其最基本的结构是 (　　)。

A. <html><head></head><section></section></html>

B. <html><title></title><body></body></html>

C. <html><title><title><section></section></html>

D. <html><head></head><body></body></html>

（4）以下标签中，用于设置页面标题的是（　　）。

A. <title>　　B. <caption>　　C. <head>　　D. <html>

（5）（　　）是 HTML5 中新增的元素。

A. p　　B. section　　C. head　　D. charset

实训任务 3　添加段落和文字

一、任务情境

小吴已经能够使用 Visual Studio Code 软件进行网页的编写和测试，接下来他准备按照 W3C 行业标准要求，使用这个软件编写一个简单的自我介绍网页，参考效果如图 1-3-1 所示。

本实训题集中完成各任务所需文字、图片、网页等资源均可通过技工教育网（http://jg.class.com.cn）下载使用。

自我介绍

小生我今年十七有余，一个中技生的我，开朗的我，爱说爱笑的我，爱读书的我……构成了一个有棱有角的形象。

我是一颗星，一颗平凡的星，我因梦想而追求，我因追求而璀璨。我热情、开朗，且大胆、顽皮，我最喜欢的事情当然要数笑了。每当站在镜子面前，小生我总会对着镜子里面的我微笑，我相信微笑就是最美，不是吗？学校的标语中就有这么一句话：微笑的你最美，会学的你最棒！我一直将这句话牢牢记在心中，因此，微笑就是我生命中不可分割的事情。

每当我看到搞笑的动作，听到忍俊不禁的笑话，小生我就会笑得前仰后合。笑是生活的体现，因为我们的生活充满阳光。记住：笑一笑可以冲散生活的阴霾，挥手洒脱，没有什么事不可以重来。

古人语：“金无赤足，人无完人。”所以，我也有自身不足的方面，比如，特别爱看电视，一看起电视来就会忘了一切大事。

但我相信：“路漫漫其修远兮，吾将上下而求索。”总有一天，将会有一个新的我展现在大家面前。

小吴
2023.02.05

图 1-3-1　参考效果图

二、任务分析

本次任务的内容是参考图 1-3-1 所示效果，使用完整的网页结构标签，通过 HTML5 中常用的标题及段落标签进行文字的输入，完成个人介绍网页的编写。

三、计划制订

根据任务分析，制订完成本任务的工作计划，填入表 1-3-1 中。

表 1-3-1　工作计划

序号	工作内容	所需时间

四、知识准备

按照表 1-3-2 的提示，完成本任务涉及的 HTML 结构标签相关知识的填写。

表 1-3-2　HTML 结构标签

序号	内容	标签
1	文档的页眉	
2	文档的脚注	
3	内容部分	
4	标题	
5	段落	
6	换行	

五、任务实施

根据任务要求和工作计划，按照表 1-3-3 所列操作步骤提示完成操作。

表 1-3-3　操作步骤提示

序号	操作步骤	内容
1	创建网页	打开 Visual Studio Code 软件，新建网页文件
2	添加文字内容	输入标题及段落文字内容
3	保存	保存为网页文件
4	测试	在浏览器中进行测试

六、任务评价

任务完成后，向同学展示作品，解说完成任务过程中的心得体会。展示完毕，可以从任务分析、任务实施和成果展示等方面，采用学生自评、学生互评、教师评价相结合的多元评价方式对该任务进行评价，任务评价表见表 1-3-4。

表 1-3-4　任务评价表

序号	评价要求	学生自评（占比 30%）	学生互评（占比 30%）	教师评价（占比 40%）
1	软件运用熟练，文件管理正确（20 分）			
2	能使用正确的 HTML5 结构标签和内容标签，格式正确，且有必要的注释（30 分）			
3	网页排版合理（30 分）			
4	作品展示及工作过程分享时逻辑清晰、表达清楚（20 分）			
综合得分				

七、知识巩固与提高

1. 单项选择题

（1）标题标签 <h1><h2><h3> 之间的层级关系为（　　）。

A. <h1> 最高，依次递减　　B. <h1> 最低，依次递增

C. 仅为编号，不代表层级关系　　D. 是层级相同的顺次三个序号

（2）关于换行标签
，下列说法中正确的是（　　）。

A. 其结束标签为
　　B. 其结束标签为 </br>

C.
 没有结束标签　　D. 必须成对使用

（3）div 元素可分为（　　）两种类型。

A. 行内元素和行外元素　　B. 块级元素和行内元素
C. 块级元素和行外元素　　D. 块级元素和行级元素

（4）以下短语元素中，用于强调标签，为字体添加斜体效果的是（　　）。

A. <strong> 内容 </strong>　　B. ^{上标}
C. _{下标}　　D. <em> 内容 </em>

（5）下列关于 <span> 标签的说法中正确的是（　　）。

A. 有固定的格式表现　　B. 本身没有任何属性
C. 可在行外定义区域　　D. 是单标签

2. 判断题

（1）段落标签用来定义网页中的一段文本，但文本在一个段落中不能自动换行。（　　）

（2）
 标签的作用与在编辑器中手动换行等效。（　　）

（3）div 元素是通用的块元素，内部可以包含其他各种元素。（　　）

（4）HTML 中的加粗文本和倾斜文本标签是目前使用较多的两个标签。（　　）

（5）HTML 所实现的控制不如 CSS 细致、精确。（　　）

实训任务 4　添加菜单栏列表

一、任务情境

小吴接到一项任务，要在公司内部网页中增加新闻资讯、行业新闻、媒体报道三大内容模块，让公司员工能够更加方便地了解公司及行业中最新的动态，紧跟时代发展。

详细内容如下：

新闻资讯

酒店生态系统：互联网大数据的应用典范

互动电视系统助力精细化服务，大数据改革

酒店大数据应用时代来临，生态互联网初现

互动 TV 系统服务消费主力年轻化

行业新闻

30 个品牌被分为“经典”和“特色”两大类

酒店特色标签成本大，效果真如预期吗?

11 月公寓行业不得不关注的 20 件大事

酒店行业归根到底是一个关于人的行业

媒体报道

公司未来五年发展战略和使命——用数据改善商旅

首届商旅场景数字媒体营销峰会在广州成功举办

酒店打造 82 寸巨屏影音主题房，备受欢迎

清文文创走进广东，构建基金与投资新生态

本任务要求完成的网页格式符合 W3C 行业标准，参考效果如图 1-4-1 所示。

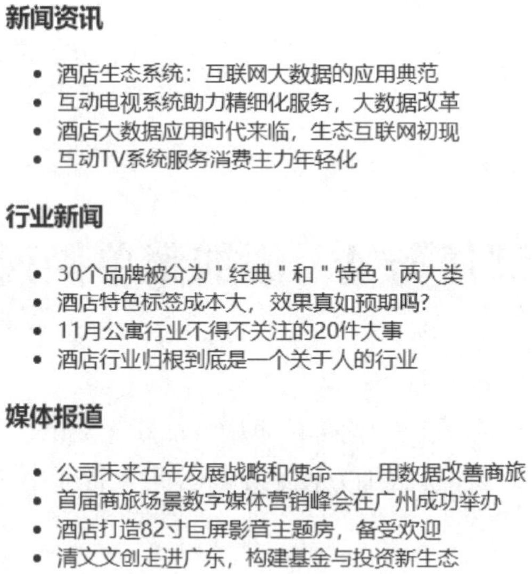

新闻资讯

- 酒店生态系统：互联网大数据的应用典范
- 互动电视系统助力精细化服务，大数据改革
- 酒店大数据应用时代来临，生态互联网初现
- 互动TV系统服务消费主力年轻化

行业新闻

- 30个品牌被分为 " 经典 " 和 " 特色 " 两大类
- 酒店特色标签成本大，效果真如预期吗?
- 11月公寓行业不得不关注的20件大事
- 酒店行业归根到底是一个关于人的行业

媒体报道

- 公司未来五年发展战略和使命——用数据改善商旅
- 首届商旅场景数字媒体营销峰会在广州成功举办
- 酒店打造82寸巨屏影音主题房，备受欢迎
- 清文文创走进广东，构建基金与投资新生态

图 1-4-1　参考效果图

二、任务分析

根据本次任务所提供的文字素材，可利用 HTML5 标记语言中的列表来展示这三个模块的内容，实现网页模块信息的整齐布局，即通过 HTML5 标记设置生成网页格式，

使用标题和列表标签进行文字的输入。

三、计划制订

根据任务分析，制订完成本任务的工作计划，填入表 1–4–1 中。

表 1–4–1　工作计划

序号	工作内容	所需时间

四、知识准备

按照表 1–4–2 的提示，完成本任务涉及的 HTML 结构标签相关知识的填写。

表 1–4–2　HTML 结构标签

序号	内容	标签
1	标题	
2	列表	
3	列表项	

五、任务实施

根据任务要求和工作计划，按照表 1–4–3 所列操作步骤提示完成操作。

表 1–4–3　操作步骤提示

序号	操作步骤	内容
1	打开软件	打开 Visual Studio Code 软件，新建网页文件
2	添加菜单栏列表	输入标题及无序列表内容

续表

序号	操作步骤	内容
3	保存	保存为网页文件
4	测试	在浏览器中进行测试

六、任务评价

任务完成后，向同学展示作品，解说完成任务过程中的心得体会。展示完毕，可以从任务分析、任务实施和成果展示等方面，采用学生自评、学生互评、教师评价相结合的多元评价方式对该任务进行评价，任务评价表见表 1–4–4。

表 1–4–4　任务评价表

序号	评价要求	学生自评（占比 30%）	学生互评（占比 30%）	教师评价（占比 40%）
1	软件运用熟练，文件管理正确（20 分）			
2	能使用正确的 HTML5 语句和列表标签，格式正确，有必要的注释（30 分）			
3	网页排版合理（30 分）			
4	作品展示及工作过程分享时逻辑清晰、表达清楚（20 分）			
综合得分				

七、知识巩固与提高

1. 单项选择题

（1）下面几种列表形式中，（　　）在 HTML5 中已不再使用。

A. 有序列表 ol　　B. 无序列表 ul　　C. 定义列表 dl　　D. 目录列表 dir

（2）下面几种列表形式中，在实际开发中使用得最多的是（　　）。

A. 有序列表 ol　　B. 无序列表 ul　　C. 定义列表 dl　　D. 目录列表 dir

（3）下列关于 ul 元素（不考虑嵌套列表）的说法中不正确的是（　　）。

A. ul 元素的子元素只能是 li，不能是其他元素

B. ul 元素内部的文本只能在 li 元素内部添加，不能在 li 元素外部添加

C. 绝大多数列表都使用 ul 元素实现，而不使用 ol 元素实现

D. 可以在 ul 元素中直接插入 div 元素

（4）以下列表中，有先后顺序的是（　　）。

A. dl　　B. ol　　C. ul　　D. li

（5）要完成图 1-4-2 所示列表效果，需要用到（　　）。

- Java
  1. 第一章
     - class
     - package
  2. 第二章
     - private
     - public

图 1-4-2　列表效果

A. 有序列表　　B. 无序列表　　C. 定义列表　　D. 嵌套列表

2. 判断题

（1）HTML 的列表元素是一个由列表标签封闭的结构，包含的列表项由 <li></li> 组成。（　　）

（2）列表项内部可以使用段落、换行符、图片、链接以及其他列表等。（　　）

（3）HTML 仅支持有序列表和无序列表。（　　）

（4）大部分网页应用中的列表均采用定义列表。（　　）

（5）当一个列表内容里还有细分的列表时，需要嵌套一个列表进去，其语法结构与数学中括号的嵌套类似。（　　）

实训任务 5　添加超链接

一、任务情境

小吴使用列表完成公司网页新增内容模块制作后，主管要求其为公司网页的新闻资讯、行业新闻、媒体报道三个模块创建超链接，用户单击标题后能够跳转到对应的内容页面，以方便程序员后期从数据库中读取数据而不影响页面格式。

本任务要求完成的网页格式符合 W3C 行业标准，参考效果如图 1-5-1 所示。

新闻资讯

- 酒店生态系统：互联网大数据的应用典范
- 互动电视系统助力精细化服务，大数据改革
- 酒店大数据应用时代来临，生态互联网初现
- 互动TV系统服务消费主力年轻化

行业新闻

- 30个品牌被分为 " 经典 " 和 " 特色 " 两大类
- 酒店特色标签成本大，效果真如预期吗？
- 11月公寓行业不得不关注的20件大事
- 酒店行业归根到底是一个关于人的行业

媒体报道

- 公司未来五年发展战略和使命——用数据改善商旅
- 首届商旅场景数字媒体营销峰会在广州成功举办
- 酒店打造82寸巨屏影音主题房，备受欢迎
- 清文文创走进广东，构建基金与投资新生态

图 1-5-1　参考效果图

二、任务分析

本次任务的内容是根据所提供的文字素材，通过 HTML5 标记设置生成网页格式，使用超链接标签实现页面的跳转。目前为测试数据，因此设置所有超链接属性 href 为空值，进行超链接跳转测试。

三、计划制订

根据任务分析，制订完成本任务的工作计划，填入表 1-5-1 中。

表 1-5-1　工作计划

序号	工作内容	所需时间

四、知识准备

按照表 1-5-2 的提示，完成本任务涉及的 HTML 结构标签相关知识的填写。

表 1-5-2　HTML 结构标签

序号	内容	标签
1	超链接	
2	跳转页面	
3	锚点链接	
4	新页面打开方式	
5	命名	

五、任务实施

根据任务要求和工作计划，按照表 1-5-3 所列操作步骤提示完成操作。

表 1-5-3　操作步骤提示

序号	操作步骤	内容
1	打开软件	打开 Visual Studio Code 软件，新建网页文件
2	添加超链接	输入标题、无序列表及超链接文字内容
3	保存	保存为网页文件
4	测试	在浏览器中进行测试

六、任务评价

任务完成后，向同学展示作品，解说完成任务过程中的心得体会。展示完毕，可以从任务分析、任务实施和成果展示等方面，采用学生自评、学生互评、教师评价相结合的多元评价方式对该任务进行评价，任务评价表见表 1-5-4。

表 1-5-4　任务评价表

序号	评价要求	学生自评（占比 30%）	学生互评（占比 30%）	教师评价（占比 40%）
1	软件运用熟练，文件管理正确（20 分）			
2	能正确使用 HTML5 语句和 <a> 标签，格式和属性设置正确，有必要的注释（30 分）			

续表

序号	评价要求	学生自评（占比 30%）	学生互评（占比 30%）	教师评价（占比 40%）
3	能实现超链接的跳转（30 分）			
4	作品展示及工作过程分享时逻辑清晰、表达清楚（20 分）			
综合得分				

七、知识巩固与提高

1. 单项选择题

（1）若要在单击超链接后以新窗口的方式打开网页，需要定义 target 属性值为（　　）。

A. _self　　B. _blank　　C. _parent　　D. _top

（2）使用（　　）可以快速定位到当前页面的某一部分。

A. 外部链接　　B. 锚点链接　　C. 特殊链接　　D. target 属性

（3）下列关于超链接的说法中，正确的是（　　）。

A. 不仅文本可以设置超链接，图片也可以设置超链接

B. 锚点链接属于外部链接的一种

C. 可以使用 src 属性指定超链接的跳转地址

D. 可以使用 target="_blank"; 指定超链接在新窗口打开

（4）命名锚记（　　）。

A. 能链接两个不同的网页

B. 能链接同一网页的不同部分

C. 不能链接同一网页的不同部分

D. 以上都不对

（5）越级链接元素 a 有很多属性，其中用来指明超链接所指向的 URL 的属性是（　　）。

A. href　　B. herf　　C. target　　D. link

2. 判断题

（1）超链接的目标只能是文字。（　　）

（2）通过锚点链接可跳转到新的文档。（　　）

（3）href 属性的值可以是任何有效文档的相对或绝对 URL。（　　）

（4）锚点的名称是由用户自行命名的，可以用数字或者英文开头。（　　）

（5）如果不使用 href 属性，则不可以使用 target 属性。（　　）

实训任务 6　添加会员功能表格

一、任务情境

网页制作员小吴接到公司的任务，为公司网页添加一个“知名客户”模块，让客户了解公司的业务能力。

本任务要求完成的网页格式符合 W3C 行业标准，与效果图一致。参考效果如图 1-6-1 所示。

知名客户

让优秀的企业更加优秀

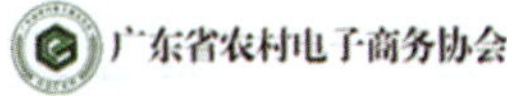

图 1-6-1　参考效果图

二、任务分析

根据本次任务所提供的图片素材，可选择利用表格功能来显示该模块，即通过 HTML5 标记设置生成网页格式，使用表格标签实现页面的展示。

三、计划制订

根据任务分析，制订完成本任务的工作计划，填入表 1-6-1 中。

表 1-6-1　工作计划

序号	工作内容	所需时间

四、知识准备

按照表 1-6-2 的提示，完成本任务涉及的 HTML 结构标签相关知识的填写。

表 1-6-2　HTML 结构标签

序号	内容	标签
1	标题	
2	水平线	
3	表格	
4	表格行	
5	单元格	
6	图片	

五、任务实施

根据任务要求和工作计划，按照表 1-6-3 所列操作步骤提示完成操作。

表 1-6-3　操作步骤提示

序号	操作步骤	内容
1	打开软件	打开 Visual Studio Code 软件，新建网页文件
2	添加标题内容	输入标题文字内容

续表

序号	操作步骤	内容
3	创建表格	创建一个两行三列的表格，并导入图片素材
4	保存	保存为网页文件
5	测试	在浏览器中进行测试

六、任务评价

任务完成后，向同学展示作品，解说完成任务过程中的心得体会。展示完毕，可以从任务分析、任务实施和成果展示等方面，采用学生自评、学生互评、教师评价相结合的多元评价方式对该任务进行评价，任务评价表见表 1-6-4。

表 1-6-4　任务评价表

序号	评价要求	学生自评（占比 30%）	学生互评（占比 30%）	教师评价（占比 40%）
1	软件运用熟练，文件管理正确（20 分）			
2	能使用正确的 HTML5 语句和表格标签，格式正确，且有必要的注释（30 分）			
3	网页排版合理（30 分）			
4	作品展示及工作过程分享时逻辑清晰、表达清楚（20 分）			
综合得分				

七、知识巩固与提高

1. 单项选择题

（1）关于以下 HTML 代码片段的分析，说法正确的是（　　）。

```
<table border="10">
<tr><td colspan=2 align="center">姓名</td></tr>
<tr><td rowspan=2 align="center">成绩</td><td align="center">语文</td>
</tr><tr><td colspan=2 align="center">数学</td></tr>
<table>
```

A. 该表格共有 2 行 3 列　　B. 该表格的边框宽度为 10 mm

C. 该表格居中显示　　D. “姓名”单元格跨 2 列

（2）以下关于 HTML 语言中表格的说法正确的是（　　）。

A. 在 HTML 语言中，表格必须由 <table> 标签、<tr> 标签和 <td> 标签组成，缺一不可

B. 有多少对 <tr> 标签，就有多少个单元格

C. 有多少对 <tr> 标签，就有多少列

D. 有多少对 <td> 标签，就有多少行

（3）以下关于表格的说法中正确的是（　　）。

A. 表格的形式在网页设计中已经被淘汰

B. 可以使用表格来布局网页

C. 表格一般用于展示数据

D. 表格最基本的 3 个标签是 <tr><th> 和 <td>

（4）在 HTML 中，（　　）标签用于在网页中创建表格。

A. <input>　　B. <select>

C. <table>　　D. <form>

（5）在 HTML 语言中，设置表格中文字与边框距离的标签是（　　）。

A. <table border=#>　　B. <table cellspacing=#>

C. <table cellpadding=#>　　D. <table width=#>

2. 判断题

（1）cellpadding 属性定义单元格的补白。（　　）

（2）表格都是由行和列构成的，行和列的交汇形成一个个单元格。（　　）

（3）表格通过使用 <table><tr><th> 或 <td> 标签构成网页中数据的表示方式。（　　）

（4）单元格里的内容只能是文字。（　　）

（5）通过 rowspan 属性可对表格进行列合并。（　　）

实训任务 7　添加宣传图片

一、任务情境

小吴从主管处接到一项任务，需要将公司的部分宣传图片插入网页中，图片要醒目，能刺激用户的眼球或传达企业的文化理念。

本任务要求完成的网页格式符合 W3C 行业标准，与效果图一致。参考效果如图 1-7-1 所示。

企业头脑风暴

企业照片墙

图 1-7-1　参考效果图

二、任务分析

根据任务要求，可利用 HTML5 标记中的段落标签来展示文字内容，使用图像标签来展示图片内容，即通过 HTML5 标记设置生成网页格式，使用段落标签进行文字展示，使用图像标签进行图片展示。

三、计划制订

根据任务分析，制订完成本任务的工作计划，填入表 1–7–1 中。

表 1–7–1　工作计划

序号	工作内容	所需时间

四、知识准备

按照表 1–7–2 的提示，完成本任务涉及的 HTML 结构标签相关知识的填写。

表 1–7–2　HTML 结构标签

序号	内容	标签
1	段落	
2	图片	

五、任务实施

根据任务要求和工作计划，按照表 1–7–3 所列操作步骤提示完成操作。

表 1–7–3　操作步骤提示

序号	操作步骤	内容
1	创建网页	打开 Visual Studio Code 软件，新建网页文件
2	添加图片标签	输入图片标签及图片链接
3	添加图片说明文字	输入图片说明文字内容

续表

序号	操作步骤	内容
4	保存	保存为网页文件
5	测试	在浏览器中进行测试

六、任务评价

任务完成后，向同学展示作品，解说完成任务过程中的心得体会。展示完毕，可以从任务分析、任务实施、成果展示等方面，采用学生自评、学生互评、教师评价相结合的多元评价方式对该任务进行评价，任务评价表见表 1–7–4。

表 1–7–4　任务评价表

序号	评价要求	学生自评（占比 30%）	学生互评（占比 30%）	教师评价（占比 40%）
1	软件运用熟练，文件管理正确（20 分）			
2	能使用正确的 HTML5 语句和段落、图像标签，格式正确，有必要的注释（30 分）			
3	网页排版合理（30 分）			
4	作品展示及工作过程分享时逻辑清晰、表达清楚（20 分）			
综合得分				

七、知识巩固与提高

1. 单项选择题

（1）以下图片标签中，符合要求的是（　　）。

A. <img src="pc/ps.jpg">　　B. <img src="E:\123\ps.jpg">

C. <img src=" 素材 .jpg">　　D. <img src="www.baidu.com/ps.jpg">

（2）关于图片标签中的 alt 属性，以下说法中错误的是（　　）。

A. 该属性的值是用户定义的

B. 当浏览器载入图片时，该属性的信息同时显示

C. 当浏览器无法载入图片时，替换文本属性可提示用户失去的信息

D. 该属性有利于搜索引擎检索

（3）以下关于 img 元素的说法中不正确的是（　　）。

A. 某 HTML 文件包含 20 个图片，那么为了正确显示，需要加载 21 个文件

B. 其 src 属性一般情况下采用相对路径链接

C. title 属性和 alt 属性的效果是一样的

D. 因为网页中图片加载需要时间，所以要慎用图片

（4）<img src="../pc.jpg"> 中的 “..” 表示（　　）。

A. 下一级路径　　B. 上一级路径

C. 省略　　D. 中间还有很多路径

（5）根据网页文件和图片文件存放位置，以下链接使用正确的是（　　）。

网页文件位置	图片文件位置
D:\web\stu\index.html	D:\web\images\pc.jpg

A. <img src="D:\web\images\pc.jpg">　　B. <img src="images/pc.jpg">

C. <img src="../images/pc.jpg">　　D. <img src="../stu/images/pc.jpg">

2. 判断题

（1）图片标签只有开始标签，没有结束标签。（　　）

（2）图片标签中使用 title 属性后，在网页效果中，鼠标指针经过图片时有提示。（　　）

（3）网页讲究图文并茂，因此网页中图片越多越好。（　　）

（4）图片标签中，alt 属性可以为图片失效时进行提示，对搜索引擎友好，因此建议使用图片标签时使用该属性。（　　）

（5）图片标签中，链接的图片格式只能是 jpg 格式。（　　）

实训任务 8　添加留言板表单

一、任务情境

小吴从主管处接到一项任务，为公司网页添加一个留言板模块，让公司更好地了解客户的需求和建议，为公司未来的发展决策提供参考依据。

本任务要求完成的网页格式符合 W3C 行业标准，与效果图一致。参考效果如图 1-8-1 所示。

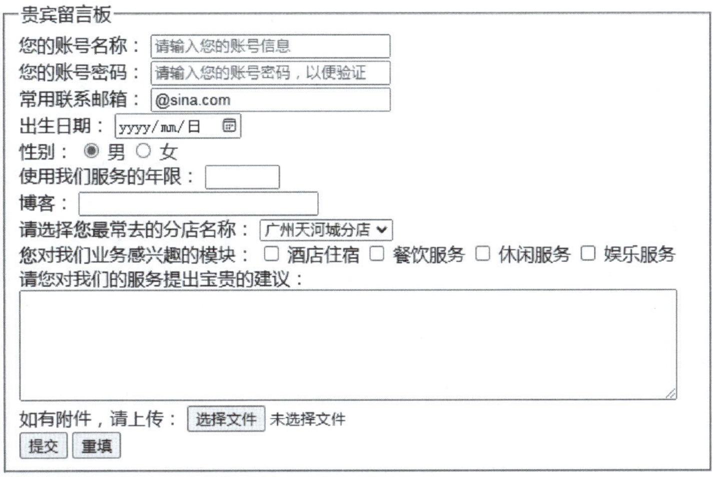

图 1-8-1　参考效果图

二、任务分析

根据任务所提供素材，可利用表单功能来完成此模块，即通过 HTML5 标记设置生成网页格式，使用表单标签实现留言板的呈现。同时任务代码要符合 W3C 标准。

三、计划制订

根据任务分析，制订完成本任务的工作计划，填入表 1-8-1 中。

表 1-8-1　工作计划

序号	工作内容	所需时间

四、知识准备

按照表 1-8-2 的提示，完成本任务涉及的 HTML 结构标签相关知识的填写。

表 1-8-2 HTML 结构标签

序号	内容	标签
1	表单	
2	表单名称	
3	提交表单的地址	
4	提交表单所用 HTTP 方法	
5	表单地址的目标	
6	浏览器自动完成表单	
7	提交时不验证表单数据	
8	input 元素 text 类型	
9	input 元素 password 类型	
10	input 元素 email 类型	
11	input 元素 date 类型	
12	input 元素 radio 类型	
13	input 元素 number 类型	
14	input 元素 url 类型	
15	input 元素 checkbox 类型	
16	input 元素 file 类型	
17	input 元素 submit 类型	
18	input 元素 reset 类型	
19	下拉列表	
20	文本域	
21	组合表单中的相关数据	

续表

序号	内容	标签
22	为组合表单元素定义标题	
23	为 input 元素定义标注	
24	块元素	

五、任务实施

根据任务要求和工作计划，按照表 1-8-3 所列操作步骤提示完成操作。

表 1-8-3　操作步骤提示

序号	操作步骤	内容
1	创建网页	打开 Visual Studio Code 软件，新建网页文件
2	添加表单内容	输入表单代码及表单内容
3	保存	保存为网页文件
4	测试	在浏览器中进行测试

六、任务评价

任务完成后，向同学展示作品，解说完成任务过程中的心得体会。展示完毕，可以从任务分析、任务实施和成果展示等方面，采用学生自评、学生互评、教师评价相结合的多元评价方式对该任务进行评价，任务评价表见表 1-8-4。

表 1-8-4　任务评价表

序号	评价要求	学生自评（占比 30%）	学生互评（占比 30%）	教师评价（占比 40%）
1	软件运用熟练，文件管理正确（20 分）			
2	能使用正确的 HTML5 语句和表单标签，格式正确，且有必要的注释（30 分）			
3	网页排版合理（30 分）			
4	作品展示及工作过程分享时逻辑清晰、表达清楚（20 分）			
综合得分				

七、知识巩固与提高

1. 单项选择题

（1）在 <input type="text"> 中，如果要设置文本框的长度，需要添加的属性是（　　）。

A. size　　B. maxlength　　C. value　　D. placeholder

（2）在表单中的单选按钮设置中，关于 checked 属性，以下说法中正确的是（　　）。

A. 在同一个单选按钮设置中该属性只能出现一次

B. 在多个单选按钮设置中该属性只能出现一次

C. 该属性必须设置

D. 该属性表示默认不选择该选项

（3）关于 select 元素，以下说法中错误的是（　　）。

A. 一般情况下，需要配合 option 属性来进行设置

B. 如果要设置默认选项，则采用 selected="selected"

C. 如果没有设置 selected="selected"，则默认第一个为选项

D. 每个选项的 value 属性必须相同

（4）以下不属于表单按钮类型的是（　　）。

A. submit　　B. reset　　C. number　　D. button

（5）表单中，如需使输入的文字显示为 * 号，则需要选择的类型是（　　）。

A. text　　B. password　　C. radio　　D. checkbox

2. 判断题

（1）表单数据如果要作为 URL 变量发送，则应设置 method="post"。（　　）

（2）在表单单选按钮设置中，所有选项的 name 属性必须一致。（　　）

（3）在表单复选框设置中，所有选项的 name 属性必须不同。（　　）

（4）表单中如设置了 novalidate 属性，则提交时不验证表单数据。（　　）

（5）表单中的 textarea 元素可以用于设置宽高属性，但在实际效果中，以此方式设置后，用户还是可以人为调整宽高，如果要固定设置，必须通过后期的 CSS 样式设置实现。（　　）

实训任务 9　添加宣传视频

一、任务情境

小吴从主管处接到一项任务，需要将公司的宣传视频及音频插入网页中，以便公司更好地打造企业品牌，刺激消费。

本任务要求完成的网页格式符合 W3C 行业标准，与效果图一致。参考效果如图 1-9-1 所示。

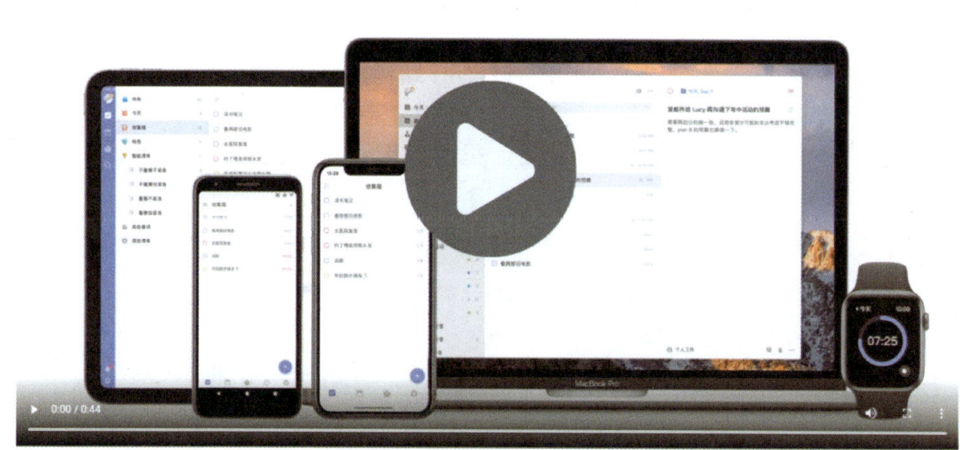

图 1-9-1　参考效果图

二、任务分析

根据任务要求，可利用 HTML5 标记中的视频标签来展示视频内容，使用音频标签来展示音频内容。同时任务代码要符合 W3C 标准。

三、计划制订

根据任务分析，制订完成本任务的工作计划，填入表 1-9-1 中。

表 1-9-1　工作计划

序号	工作内容	所需时间

续表

序号	工作内容	所需时间

四、知识准备

按照表 1–9–2 的提示，完成本任务涉及的 HTML 结构标签相关知识的填写。

表 1–9–2　HTML 结构标签

序号	内容	标签
1	视频	
2	音频	

五、任务实施

根据任务要求和工作计划，按照表 1–9–3 所列操作步骤提示完成操作。

表 1–9–3　操作步骤提示

序号	操作步骤	内容
1	创建网页	打开 Visual Studio Code 软件，新建网页文件
2	添加视频文件	输入视频代码及视频不显示时的提示内容
3	保存	保存为网页文件
4	测试	在浏览器中进行测试

六、任务评价

任务完成后，向同学展示作品，解说完成任务过程中的心得体会。展示完毕，可以从任务分析、任务实施和成果展示等方面，采用学生自评、学生互评、教师评价相结合的多元评价方式对该任务进行评价，任务评价表见表 1–9–4。

表 1-9-4　任务评价表

序号	评价要求	学生自评（占比 30%）	学生互评（占比 30%）	教师评价（占比 40%）
1	软件运用熟练，文件管理正确（20 分）			
2	能使用正确的 HTML5 语句和视频、音频标签，格式正确，且有必要的注释（30 分）			
3	网页排版合理（30 分）			
4	作品展示及工作过程分享时逻辑清晰、表达清楚（20 分）			
综合得分				

七、知识巩固与提高

1. 单项选择题

（1）以下视频格式中，HTML5 不支持的是（　　）。

A. WebM　　B. MPEG4　　C. WMV　　D. OGG

（2）以下选项中，属于无损的音频格式的是（　　）。

A. MPEG4　　B. WAV　　C. OGG　　D. MP3

（3）关于以下代码中第 4 行的功能，说法正确的是（　　）。

```
1  <audio controls="controls" height="120" width="120">
2  <source src="music.mp3" type="audio/mp3"/>
3  <source src="music.ogg" type="audio/ogg"/>
4  <embed height="120" width="120" src="music.mp3"/>
5  </audio>
```

A. 在播放完第二行代码的 MP3 文件和第三行代码的 OGG 文件后，播放第四行代码的 MP3 文件

B. 在播放完第二行代码的 MP3 文件或第三行代码的 OGG 文件后，播放第四行代码的 MP3 文件

C. 如果第二行代码的 MP3 文件和第三行代码的 OGG 文件都播放失败，那么尝试播放第四行代码的 MP3 文件

D. 第二、三、四行代码的音频文件随机播放一个

（4）（　　）是 HTML5 才能使用的标签。

A. <embed>　　B. <object>　　C. <param>　　D. <audio>

（5）关于以下代码，说法正确的是（　　）。

```
1    <video height="600" width="800" controls="controls">
2    <source src="movie.mp4" type="video/mp4"/>
3    <source src="movie.ogg" type="video/ogg"/>
4    您的浏览器无法支持该视频播放
5    </video>
```

A. 第二行代码和第三行代码的视频按顺序播放

B. 第四行代码出现在播放视频的下方

C. 播放时不显示播放控件

D. 播放失败时会提示用户第四行的文字，播放正常时则隐藏

2. 判断题

（1）把视频上传到视频网站，在自己的网页中插入 HTML 代码即可播放视频。（　　）

（2）不同浏览器显示视频时，主要是控件布局以及样式方面有所不同。（　　）

（3）在不同浏览器上，音频播放控件有相同的显示效果。（　　）

（4）如果 autoplay 属性和 preload 属性同时存在，系统会将 preload 属性自动忽略。（　　）

（5）audio 只有 autoplay、loop、preload、controls 四个属性。（　　）

第二阶段　使用 CSS3 设置网页格式

实训任务 10　为网页添加 CSS 样式表

一、任务情境

经过一段时间的学习，小吴已经学会了 HTML 的基本知识，接下来，他想学习 CSS 样式表，为之前做好的个人介绍网页设置字体颜色及大小等样式，使整个网页更加美观。

本任务要求使用外部样式为网页添加 CSS 样式表，完成的网页格式符合 W3C 行业标准，与效果图一致。参考效果如图 1–10–1 所示。

自我介绍

小生我今年十七有余，一个中技生的我，开朗的我，爱说爱笑的我，爱读书的我……构成了一个有棱有角的形象。

我是一颗星，一颗平凡的星，我因梦想而追求，我因追求而璀璨。我热情、开朗，且大胆、顽皮，我最喜欢的事情当然要数笑了。每当站在镜子面前，小生我总会对着镜子里面的我微笑，我相信微笑就是最美，不是吗？学校的标语中就有这么一句话：微笑的你最美，会学的你最棒！我一直将这句话牢牢记在心中，因此，微笑就是我生命中不可分割的事情。

每当我看到搞笑的动作，听到忍俊不禁的笑话，小生我就会笑得前仰后合。笑是生活的体现，因为我们的生活充满阳光。记住：笑一笑可以冲散生活的阴霾，挥手洒脱，没有什么事不可以重来。

古人语：“金无赤足，人无完人。”所以，我也有自身不足的方面，比如，特别爱看电视，一看起电视来就会忘了一切大事。

但我相信：“路漫漫其修远兮，吾将上下而求索。”总有一天，将会有一个新的我展现在大家面前。

小吴
2023.02.05

图 1–10–1　参考效果图

二、任务分析

根据图 1–10–1 所示效果图，可选择 CSS 样式表的链接方式，使用外部样式为网页添加 CSS 样式，完成个人介绍网页的样式设置。

三、计划制订

根据任务分析，制订完成本任务的工作计划，填入表 1–10–1 中。

表 1-10-1 工作计划

序号	工作内容	所需时间

四、知识准备

按照表 1-10-2 的提示，完成本任务涉及的 CSS 相关知识的填写。

表 1-10-2 CSS 样式引入方法

序号	方法	代码
1	行内样式	
2	内嵌样式	
3	使用 <link> 标签	
4	使用 @import 关键字	

五、任务实施

根据任务要求和工作计划，按照表 1-10-3 所列操作步骤提示完成操作。

表 1-10-3 操作步骤提示

序号	操作步骤	内容
1	创建网页	打开 Visual Studio Code 软件，新建网页文件
2	添加文字内容	输入标题及段落文字内容

续表

序号	操作步骤	内容
3	创建 CSS 样式表	使用 Visual Studio Code 软件创建文件，并保存为 CSS 格式
4	设置文字样式	设置文字大小、颜色以及对齐方式
5	保存并测试	保存后在浏览器中进行测试

六、任务评价

任务完成后，向同学展示作品，解说完成任务过程中的心得体会。展示完毕，可以从任务分析、任务实施与成果展示等方面，采用学生自评、学生互评、教师评价相结合的多元评价方式对该任务进行评价，任务评价表见表 1-10-4。

表 1-10-4　任务评价表

序号	评价要求	学生自评（占比 30%）	学生互评（占比 30%）	教师评价（占比 40%）
1	软件运用熟练，文件管理正确（20 分）			
2	能正确使用 HTML5 标记和 CSS 样式代码，格式正确，有必要的注释（30 分）			
3	排版最终效果合理（30 分）			
4	作品展示及工作过程分享时逻辑清晰、表达清楚（20 分）			
综合得分				

七、知识巩固与提高

1. 单项选择题

（1）CSS 是（　　）的缩写。

A. Colorful Style Sheet　　B. Computer Style Sheet

C. Cascading Style Sheet　　D. Creative Style Sheet

（2）引用外部样式表的格式是（　　）。

A. <style src="mystyle.css">

B. <link rel="stylesheet" type="text/css" href="mystyle.css">

C. <link rel="stylesheet" type="text/css" src="mystyle.css">

D. <stylesheet>mystyle.css</stylesheet>

（3）引用外部样式表的元素应该放在（　　）。

A. HTML 文档开始的位置　　B. HTML 文档结束的位置

C. head 元素中　　D. body 元素中

（4）内部样式表的元素是（　　）。

A. style　　B. css　　C. script　　D. link

（5）样式表中注释的格式为（　　）。

A. /* 注释语句 */　　B. // 注释语句

C. // 注释语句 //　　D. * 注释语句 *

2. 判断题

（1）CSS 中文称为层叠样式表，其文件扩展名为 .css3。（　　）

（2）CSS 是用于增强或控制网页样式并允许将样式信息与网页内容分离的一种标记性语言。（　　）

（3）在网页中，通过行内样式、内嵌样式和外部样式三种方法可以正确引入 CSS 样式。（　　）

（4）CSS 行内样式可将 HTML 结构与 CSS 样式分离。（　　）

（5）CSS 内嵌样式只适合为单页面定义 CSS 样式，不适合为一个网站或多个页面定义样式。（　　）

实训任务 11　设置段落格式

一、任务情境

小吴从主管处接到一项任务，要将公司的经营理念内容制作成网页，网页要美观、大方且便于宣传，让公司员工能牢记公司的经营理念，树立正确的企业文化观。

详细内容如下：

企业使命：为客户构筑美好生活　为员工构筑理想发展　为股东构筑满意价值　为社会构筑责任典范

企业精神：诚诚恳恳做人　踏踏实实做事

经营理念：诚信经营　精心服务

企业愿景：构筑品牌　成为员工、客户尊重和信赖的企业

工作理念：健康快乐地工作和生活

客户理念：专注品质　专业服务

人才理念：相信　尊重　激励　发展

核心价值观：诚信责任　学习创新　协作共赢　客户至上

<1> 诚信责任是立身之本

<2> 学习创新是发展之源

<3> 协作共赢是稳定之基

<4> 客户至上是生存之道

本任务要求完成的网页格式符合 W3C 行业标准，与效果图一致。参考效果如图 1–11–1 所示。

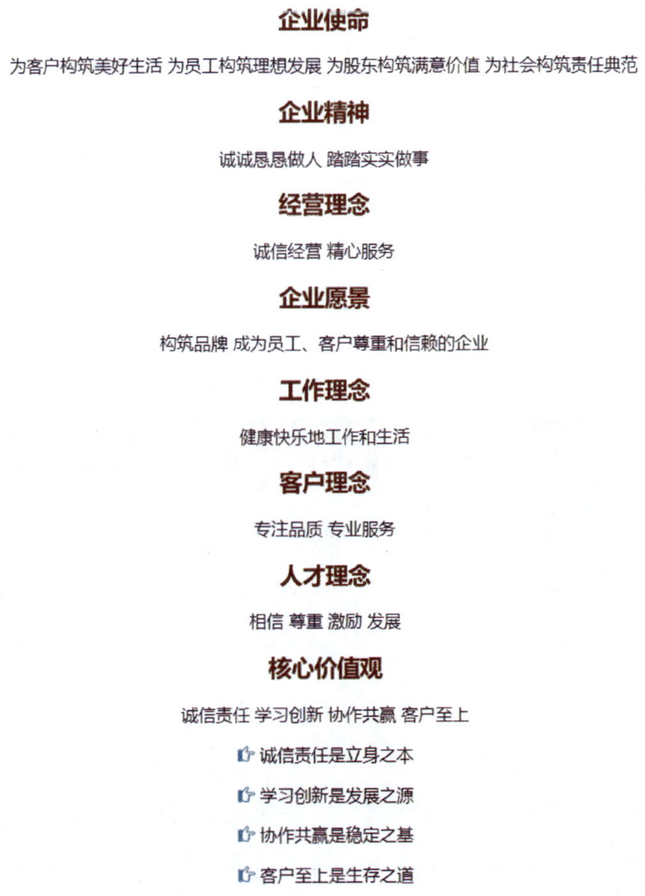

企业使命

为客户构筑美好生活 为员工构筑理想发展 为股东构筑满意价值 为社会构筑责任典范

企业精神

诚诚恳恳做人 踏踏实实做事

经营理念

诚信经营 精心服务

企业愿景

构筑品牌 成为员工、客户尊重和信赖的企业

工作理念

健康快乐地工作和生活

客户理念

专注品质 专业服务

人才理念

相信 尊重 激励 发展

核心价值观

诚信责任 学习创新 协作共赢 客户至上

诚信责任是立身之本

学习创新是发展之源

协作共赢是稳定之基

客户至上是生存之道

图 1-11-1　参考效果图

二、任务分析

根据任务要求，可利用 HTML5 语句，结合字体样式代码的使用方法、文本样式代码的使用方法、图标字体的使用方法等 CSS3 丰富多样的文字样式定制功能来显示网页的内容，从而突显内容的可读性及美观性。

三、计划制订

根据任务分析，制订完成本任务的工作计划，填入表 1-11-1 中。

表 1-11-1　工作计划

序号	工作内容	所需时间

四、知识准备

按照表 1-11-2 的提示，完成本任务涉及的 CSS 相关知识的填写。

表 1-11-2　CSS 样式代码

序号	内容	代码
1	字体类型	
2	字体风格	
3	字体大小	
4	字体复合属性	
5	文本水平对齐方式	
6	文本行高	
7	首行缩进	
8	文本修饰	

五、任务实施

根据任务要求和工作计划，按照表 1-11-3 所列操作步骤提示完成操作。

表 1-11-3　操作步骤提示

序号	操作步骤	内容
1	创建网页	打开 Visual Studio Code 软件，新建网页文件
2	添加文字内容	输入标题及段落文字内容
3	创建 CSS 样式表	使用 Visual Studio Code 软件创建文件，并保存为 CSS 格式
4	设置文字样式	设置文字大小、文字颜色以及文字对齐方式
5	设置图标字体	在 CSS 中声明字体，使用伪对象选择器添加图标字体的编码，并设置当前使用的字体为图标字体
6	保存并测试	保存后在浏览器中进行测试

六、任务评价

任务完成后，向同学展示作品，解说完成任务过程中的心得体会。展示完毕，可以从任务分析、任务实施和成果展示等方面，采用学生自评、学生互评、教师评价相结合的多元评价方式对该任务进行评价，任务评价表见表 1-11-4。

表 1-11-4　任务评价表

序号	评价要求	学生自评（占比 30%）	学生互评（占比 30%）	教师评价（占比 40%）
1	软件运用熟练，文件管理正确（20 分）			
2	能使用正确的 HTML5 结构标签和 CSS 样式代码，格式正确，有必要的注释（30 分）			
3	排版最终效果合理（30 分）			
4	作品展示及工作过程分享时逻辑清晰、表达清楚（20 分）			
综合得分				

七、知识巩固与提高

1. 单项选择题

（1）CSS3 有很多种选择器，以下属于类选择器的是（　　）。

A. #ab　　B. .ab　　C. *ab　　D. &ab

（2）CSS 字体属性可用于定义文字的字体、大小、粗细等，以下属性用于定义字体大小的是（　　）。

A. font-style　　B. font-family　　C. font-size　　D. font-variant

（3）CSS 文本样式可设置排版效果，以下属性用于定义文本块中首行缩进的是（　　）。

A. text-indent　　B. text-decoration

C. line-height　　D. text-align

（4）CSS 文本样式可设置排版效果，以下属性用于定义文本水平对齐方式的是（　　）。

A. text-indent　　B. text-decoration

C. line-height　　D. text-align

（5）font 是一个复合属性，以下写法正确的是（　　）。

A. font:normal bold " 宋体 "　　B. font:normal bold " 宋体 " 18px

C. font:normal bold 18px/25px " 宋体 "　　D. font:normal,bold, " 宋体 "

2. 判断题

（1）一个标签允许同时使用多个类选择器的样式。（　　）

（2）CSS 文字、文本样式效果具有继承性，如果某一标签设置了文字颜色为蓝色，那么它的所有后代标签都会具有该属性。（　　）

（3）font 属性中的各个子属性的排列顺序是 font-style、font-weight、font-family、font-size。（　　）

（4）需要同时渲染多个元素时，可使用组合选择器。（　　）

（5）包含选择器通过标签层次结构选择目标。（　　）

实训任务 12　布局网页

一、任务情境

小吴接到一项任务，要在公司网页中增加“公司介绍”模块，让客户能够更加快速、方便地了解公司的业务范围。

本任务要求完成的网页格式符合 W3C 行业标准，与效果图一致。参考效果如图 1-12-1 所示。

图 1-12-1　参考效果图

二、任务分析

根据任务所提供的文字和图片素材，可以通过 HTML5 标记及 CSS3 样式设置生成网页格式，使用字体样式、文本样式、图标字体等进行文字排版，通过设置网页每个模块的宽、高和间距，按要求设置网页宽度、高度、内外补白、浮动和清除浮动等，统一网页的整体布局。

三、计划制订

根据任务分析，制订完成本任务的工作计划，填入表 1-12-1 中。

表 1-12-1　工作计划

序号	工作内容	所需时间

续表

序号	工作内容	所需时间

四、知识准备

按照表 1-12-2 的提示，完成本任务涉及的 CSS 相关知识的填写。

表 1-12-2　CSS 样式代码

序号	内容	代码
1	宽度	
2	高度	
3	外补白	
4	内补白	
5	浮动	

五、任务实施

根据任务要求和工作计划，按照表 1-12-3 所列操作步骤提示完成操作。

表 1-12-3　操作步骤提示

序号	操作步骤	内容
1	创建网页	打开 Visual Studio Code 软件，新建网页文件
2	添加网页内容	输入标题及列表内容，并添加图片
3	创建 CSS 样式表	使用 Visual Studio Code 软件创建文件，并保存为 CSS 格式
4	设置文字样式	设置文字大小、文字颜色以及文字对齐方式
5	设置图片样式	设置图片大小

续表

序号	操作步骤	内容
6	设置图标字体	在 CSS 中声明字体，使用伪对象选择器添加图标字体的编码，并设置当前使用的字体为图标字体
7	设置网页布局	设置标签宽度，使用 float 属性设置标签的水平排列
8	保存并测试	保存后在浏览器中进行测试

六、任务评价

任务完成后，向同学展示作品，解说完成任务过程中的心得体会。展示完毕，可以从任务分析、任务实施与成果展示等方面，采用学生自评、学生互评、教师评价相结合的多元评价方式对该任务进行评价，任务评价表见表 1-12-4。

表 1-12-4　任务评价表

序号	评价要求	学生自评（占比 30%）	学生互评（占比 30%）	教师评价（占比 40%）
1	软件运用熟练，文件管理正确（20 分）			
2	能使用正确的 HTML5 结构标签和 CSS 样式代码，格式正确，有必要的注释（30 分）			
3	排版最终效果合理（30 分）			
4	作品展示及工作过程分享时逻辑清晰、表达清楚（20 分）			
综合得分				

七、知识巩固与提高

1. 单项选择题

（1）下列 CSS 语法构成正确的是（　　）。

A. body:width=50%　　B. {body;width:50%}

C. body {width:50%}　　D. {body:width=50%}

（2）下列属性中，能够设置盒模块的内补白为 10、20、30、40（顺时针方向）的是（　　）。

A. padding:10px 20px 30px 40px　　B. padding:10px 20px

C. padding:40px 30px 20px 10px　　D. padding:10px

（3）下列属性中，能够设置盒模型左侧外补白的是（　　）。

A. margin　　B. margin–left

C. margin–right　　D. padding–left

（4）下列属性中，可以清除 float 属性对后续标签带来的影响的是（　　）。

A. display　　B. margin

C. clear　　D. center

（5）以下不属于 margin 属性的子属性的是（　　）。

A. margin–top　　B. margin–left

C. margin–bottom　　D. margin–center

2. 判断题

（1）一个大 div 中包含一个小 div，设置小 div 与大 div 的左边距为 5 px 样式的标准写法是 margin–left:5px。（　　）

（2）在 CSS 中定义盒模型时，外补白也可以使用负值。（　　）

（3）在 CSS 中定义盒模型时，内补白不可以使用负值。（　　）

（4）设置了 float 属性的标签并不占用网页的面积。（　　）

（5）设置 float 属性的标签中，display 属性将会失去效果，标签将采用新的排版规则，按设置的方向水平排列。（　　）

实训任务 13　美化网页元素背景

一、任务情境

小吴接到一项任务，要为公司网页“知名客户”模块添加背景，以便该模块能更加吸引潜在客户。

本任务要求完成的网页格式符合 W3C 行业标准，与效果图一致。参考效果如图 1–13–1 所示。

知名客户

让优秀的企业更加优秀

图 1-13-1　参考效果图

二、任务分析

根据任务要求，可利用 CSS 样式的背景样式来美化该模块的内容，突出网页模块信息。

三、计划制订

根据任务分析，制订完成本任务的工作计划，填入表 1-13-1 中。

表 1-13-1　工作计划

序号	工作内容	所需时间

续表

序号	工作内容	所需时间

四、知识准备

按照表 1-13-2 的提示，完成本任务涉及的 CSS 相关知识的填写。

表 1-13-2　CSS 样式代码

序号	内容	代码
1	背景颜色	
2	背景图像	
3	背景综合属性	

五、任务实施

根据任务要求和工作计划，按照表 1-13-3 所列操作步骤提示完成操作。

表 1-13-3　操作步骤提示

序号	操作步骤	内容
1	打开软件	打开 Visual Studio Code 软件，新建网页文件
2	添加标题内容	输入标题文字内容
3	创建表格	创建一个三行三列的表格，并导入图片素材
4	美化元素背景	设置水平线的背景颜色为 skyblue；设置表格背景渐变色为：linear-gradient [130deg, rgb (231, 244, 218), rgb (208, 240, 235)]
5	保存并测试	保存后在浏览器中进行测试

六、任务评价

任务完成后，向同学展示作品，解说完成任务过程中的心得体会。展示完毕，可以从任务分析、任务实施和成果展示等方面，采用学生自评、学生互评、教师评价相结合的多元评价方式对该任务进行评价，任务评价表见表 1-13-4。

表 1-13-4　任务评价表

序号	评价要求	学生自评（占比 30%）	学生互评（占比 30%）	教师评价（占比 40%）
1	软件运用熟练，文件管理正确（20 分）			
2	能使用正确的 HTML5 语句和 CSS 背景样式代码，格式正确，有必要的注释（30 分）			
3	排版最终效果合理（30 分）			
4	作品展示及工作过程分享时逻辑清晰、表达清楚（20 分）			
综合得分				

七、知识巩固与提高

1. 单项选择题

（1）用来设置表格背景颜色的属性是（　　）。

A. background　　B. background-color

C. bordercolor　　D. backgroundcolor

（2）以下有关背景颜色的表达中正确的是（　　）。

A. #FADD0H　　B. rgb (0, 256, 112)

C. purple　　D. rgba (1, 56, 193, 0, 3)

（3）不能出现在背景图像位置上的方位关键词是（　　）。

A. center　　B. middle

C. top　　D. bottom

（4）根据图 1-13-2 中的代码内容，img 图像的大小应为（　　）。

```
    <style>
    .main{width: 300px;height: 400px;}
    .img{background: blue;width: 50%;height: 50%;}
    </style>
</head>
<body>
    <div class="main">
        <div class="img"></div>
    </div>
</body>
```

图 1-13-2　代码示例

A. 300 px × 400 px

B. 与 body 一样大小

C. 宽和高均为 body 的一半

D. 150 px × 200 px

（5）背景的径向渐变中，下列属性中能控制渐变形状的是（　　）。

A. center　　B. ellipse

C. closest-side　　D. at 100 px

2. 判断题

（1）同时设置了背景图像和背景颜色，背景图像会覆盖背景颜色。（　　）

（2）背景图片与列表图片一样无法改变大小。（　　）

（3）背景综合属性所有的值之间用空格隔开，各属性值不分先后顺序。（　　）

（4）渐变背景属于背景颜色。（　　）

（5）背景颜色和背景图像不能同时设置。（　　）

实训任务 14　设置边框和阴影效果

一、任务情境

小吴根据公司的反馈，继续对公司网页“知名客户”模块进行美化，增加边框和阴影，让该模块更具有感染力。

本任务要求完成的网页格式符合 W3C 行业标准，与效果图一致。参考效果如图 1-14-1 所示。

二、任务分析

根据效果图分析，本任务可以在上一任务的基础上，使用边框样式和阴影样式对网页中各个元素进行美化。

三、计划制订

根据任务分析，制订完成本任务的工作计划，填入表 1-14-1 中。

知名客户

让优秀的企业更加优秀

图 1-14-1　参考效果图

表 1-14-1　工作计划

序号	工作内容	所需时间

四、知识准备

按照表 1-14-2 的提示，完成本任务涉及的 CSS 相关知识的填写。

表 1-14-2 CSS 样式代码

序号	内容	代码
1	边框宽度	
2	边框样式	
3	边框颜色	
4	边框综合属性	
5	边框阴影	

五、任务实施

根据任务要求和工作计划，按照表 1-14-3 所列操作步骤提示完成操作。

表 1-14-3 操作步骤提示

序号	操作步骤	内容
1	打开软件	打开 Visual Studio Code 软件，打开上一任务完成的文件
2	设置边框	设置图片边框为 border: 2px solid white;
3	设置阴影	设置表格阴影为 box-shadow: 2px 2px 5px 3px rgba (120, 120, 120, 0.3);
4	保存并测试	保存后在浏览器中进行测试

六、任务评价

任务完成后，向同学展示作品，解说完成任务过程中的心得体会。展示完毕，可以从任务分析、任务实施和成果展示等方面，采用学生自评、学生互评、教师评价相结合的多元评价方式对该任务进行评价，任务评价表见表 1-14-4。

表 1-14-4 任务评价表

序号	评价要求	学生自评（占比 30%）	学生互评（占比 30%）	教师评价（占比 40%）
1	软件运用熟练，文件管理正确（20 分）			
2	能使用正确的 HTML5 语句和 CSS 边框及阴影样式代码，格式正确，有必要的注释（30 分）			
3	排版最终效果合理（30 分）			
4	作品展示及工作过程分享时逻辑清晰、表达清楚（20 分）			
综合得分				

七、知识巩固与提高

1. 单项选择题

（1）以下不属于边框样式属性的是（　　）。

A. border-width　　B. border-style
C. border-color　　D. border-collapse

（2）以下用于改变下边框线型的属性的是（　　）。

A. border-top-style　　B. border-left-color
C. border-bottom-style　　D. border-right-width

（3）关于以下代码的说法中正确的是（　　）。

```
border-width:2px 3px 5px 4px;
border-style:solid dashed;
border-color:red orange purple;
```

A. 右边框是双线　　B. 左边框宽度是 4 px
C. 下边框是橙色　　D. 以上都不对

（4）以下代码可正确绘制一个圆形的是（　　）。

A. div{width:200px;height:100px;border-radius:100px;}
B. span{width:100px;height:100px;border-radius:50px;}
C. p{width:100px;height:100px;border-radius:50%;}
D. a{width:200px;height:200px;border-radius:100px;}

（5）对于代码“box-shadow:5px black;”，以下描述中正确的是（　　）。

A. 模糊度是 5 px　　B. 扩张是 10 px
C. 边框颜色是黑色　　D. 阴影向右偏移 5 px

2. 判断题

（1）边框综合属性各值之间用空格隔开，各属性值不分先后顺序。（　　）
（2）边框四条边的参数设置必须一致。（　　）
（3）阴影可以叠加，阴影之间用逗号隔开，先填写的位于最上层。（　　）
（4）轮廓也能做圆角效果。（　　）
（5）outline 属性与 border 属性一样都要占用网页空间。（　　）

实训任务 15　设置按钮交互格式

一、任务情境

小吴接到公司的任务，为公司网页“知名客户”模块添加按钮交互功能，当鼠标指针移至图片上方时，图片更换为蓝色背景并显示文字信息，让客户能够更加快捷地了解图片信息。

本任务要求完成的网页格式符合 W3C 行业标准，与效果图一致。参考效果如图 1–15–1 所示。

图 1–15–1　参考效果图

图 1–15–1 中各酒店品牌标识对应的文字信息从左到右、从上到下依次为：

雅高酒店集团

卡尔森瑞德酒店集团

精选国际酒店集团

地中海俱乐部

香港东隅酒店

香格里拉酒店集团

洲际酒店集团

费尔蒙酒店集团

万豪国际集团

二、任务分析

根据任务要求，可使用超链接的伪类选择符对网页各个元素进行设置，利用 CSS 样式表中的超链接伪类选择符来完成。

三、计划制订

根据任务分析，制订完成本任务的工作计划，填入表 1-15-1 中。

表 1-15-1　工作计划

序号	工作内容	所需时间

四、知识准备

按照表 1-15-2 的提示，完成本任务涉及的 CSS 相关知识的填写。

表 1-15-2　CSS 样式代码

序号	内容	代码
1	元素的显示与隐藏	
2	文字的中部居中	
3	鼠标经过效果	

五、任务实施

根据任务要求和工作计划，按照表 1-15-3 所列操作步骤提示完成操作。

表 1-15-3　操作步骤提示

序号	操作步骤	内容
1	打开软件	打开 Visual Studio Code 软件，打开上一任务完成的文件
2	设置文字样式	文字隐藏：span{display: none;}
3	设置鼠标经过样式	图片隐藏：td:hover img{display:none;} 文字显示及效果：td: hover span{display: block; height: 130px; width: 216px; background: rgb (102, 153, 204); color: white; font: bold 16px/130px 微软雅黑 ; text-align: center;}
4	保存并测试	保存后在浏览器中进行测试

六、任务评价

任务完成后，向同学展示作品，解说完成任务过程中的心得体会。展示完毕，可以从任务分析、任务实施和成果展示等方面，采用学生自评、学生互评、教师评价相结合的多元评价方式对该任务进行评价，任务评价表见表 1-15-4。

表 1-15-4　任务评价表

序号	评价要求	学生自评（占比 30%）	学生互评（占比 30%）	教师评价（占比 40%）
1	软件运用熟练，文件管理正确（20 分）			
2	能使用正确的 HTML5 语句和 CSS 伪类选择符，格式正确，有必要的注释（30 分）			
3	排版最终效果合理（30 分）			
4	作品展示及工作过程分享时逻辑清晰、表达清楚（20 分）			
综合得分				

七、知识巩固与提高

1. 单项选择题

（1）以下代码中，（　　）是超链接四种状态中鼠标访问后的效果。

A. a:link　　B. a:hover　　C. a:active　　D. a:visited

（2）以下关于伪类选择符“child”的说法中错误的是（　　）。

A. “E:first-child”表示第一个子元素

B. “E:nth-child(*n*)”表示最后一个子元素

C. “E:only-child”表示只有一个子元素

D. “E:nth-last-child(*n*)”表示倒数第 *n* 个子元素

（3）下面有关伪类选择符的说法中正确的是（　　）。

A. a:active{color:red;} 表示鼠标单击时背景颜色是红色

B. a:link{font:20px;} 表示未访问时文字大小是 20 px

C. a:hover{display:none;} 表示鼠标悬停时该元素会隐藏

D. a:hover{bgcolor:blue;} 表示鼠标访问后背景颜色是蓝色

（4）以下代码中，不能实现图 1-15-2 所示效果的是（　　）。

1
2
3
4
5

图 1-15-2　设置效果

A. p:first-of-type{color: red;}　　　　B. p:nth-child(3){color: red;}

C. span+p{color: red;}　　　　D. p:first-child{color: red;}

（5）以下代码中，能够实现奇数行鼠标经过时背景变成黄色的是（　　）。

A. tr:nth-child(2*n*){background-color:yellow;}

B. tr:nth-child(2*n*+1){background-color:yellow;}

C. tr:nth-child(odd){color:yellow;}

D. tr:nth-child(even){background-color:yellow;}

2. 判断题

（1）伪类可以是动态的，如鼠标经过元素时会出现一些变化，这个变化可能随时消失。在伪类的使用中，超链接是比较广泛的。（　　）

（2）除超链接标签外，其余的标签不能设置伪类效果。（　　）

（3）超链接的四个状态要按特定的顺序书写，其效果才能全部生效。（　　）

（4）伪类选择符“type”选择指定的是第 *n* 个类型的子元素，以相同类型的标签进

行排序。 (　　)

（5）伪类选择符里可以使用关键字 even 代表偶数，odd 代表奇数。 (　　)

实训任务 16　设置菜单和列表格式

一、任务情境

小吴从主管处接到一项任务，需要对公司网页菜单中的导航栏设置横向靠右显示，同时设置网页底部友情链接等信息。

本任务要求完成的网页格式符合 W3C 行业标准，与效果图一致。参考效果如图 1-16-1、图 1-16-2 所示。

图 1-16-1　导航条参考效果图

图 1-16-2　网页底部参考效果图

二、任务分析

根据对效果图的分析，可利用 HTML 无序列表和 CSS 列表样式来设置导航条以及网页底部的展示方式。

三、计划制订

根据任务分析，制订完成本任务的工作计划，填入表 1-16-1 中。

表 1-16-1　工作计划

序号	工作内容	所需时间

四、知识准备

按照表 1-16-2 的提示，完成本任务涉及的 HTML 相关知识的填写。

表 1-16-2　HTML 标签及样式

序号	内容	标签及样式
1	网页头部	
2	网页底部	
3	块元素	
4	超链接	
5	无序列表	
6	列表项	
7	CSS 宽度	
8	CSS 高度	
9	CSS 背景	
10	CSS 浮动	
11	CSS 清除浮动	
12	CSS 内边距	
13	CSS 外边距	
14	CSS 列表标记类型	
15	CSS 列表标记位置	
16	CSS 边框	

五、任务实施

根据任务要求和工作计划，按照表 1-16-3 所列操作步骤提示完成操作。

表 1-16-3　操作步骤提示

序号	操作步骤	内容
1	创建网页	打开 Visual Studio Code 软件，新建网页文件
2	添加网页内容	输入网页头部导航内容和网页底部信息内容
3	创建 CSS 样式表	使用 Visual Studio Code 软件创建文件，并保存为 CSS 格式
4	设置背景样式	设置网页头部、底部背景样式
5	设置列表样式	设置网页头部、底部无序列表样式
6	设置边框样式	设置网页底部边框样式
7	设置网页布局	设置标签宽度、内外边距，使用 float 属性设置标签的水平排列等
8	保存并测试	保存后在浏览器中进行测试

六、任务评价

任务完成后，向同学展示作品，解说完成任务过程中的心得体会。展示完毕，可以从任务分析、任务实施和成果展示等方面，采用学生自评、学生互评、教师评价相结合的多元评价方式对该任务进行评价，任务评价表见表 1-16-4。

表 1-16-4　任务评价表

序号	评价要求	学生自评（占比 30%）	学生互评（占比 30%）	教师评价（占比 40%）
1	软件运用熟练，文件管理正确（20 分）			
2	能正确使用 HTML 列表和 CSS 样式设置网页元素展示方式（30 分）			
3	排版最终效果合理（30 分）			
4	作品展示及工作过程分享时逻辑清晰、表达清楚（20 分）			
综合得分				

七、知识巩固与提高

1. 单项选择题

（1）在 list-style-type 属性中，如果要设置列表项标记为空心圆，则应设置的属性

值是（　　）。

A. circle　　B. square　　C. upper-roman　　D. lower-alpha

（2）关于 list-style-image 属性，以下说法中错误的是（　　）。

A. 图片链接一般采用相对路径

B. 图片可以采用 gif 格式或 jpg 格式

C. 图片的大小可任意设置

D. 该属性将图像指定为列表项标记

（3）关于 list-style-position 属性，以下说法中错误的是（　　）。

A. 该属性指定列表项标记的位置

B. 设置为 outside 表示项目符号将在列表项之外，列表项每行的开头垂直对齐

C. 设置为 inside 表示项目符号将在列表项之内，它将成为文本的一部分

D. 默认设置为 inside

（4）关于 list-stylc 属性，以下说法中错误的是（　　）。

A. 这是一种简写属性

B. 对属性值的顺序没有要求

C. 如果缺失某种属性值，则将插入缺失属性值的默认值

D. 如果设置了 list-style-image 属性，则 list-style-type 属性的效果会消失

（5）关于图 1-16-3 所示效果，以下说法中正确的是（　　）。

1. 红茶
2. 绿茶
3. 乌龙茶

图 1-16-3　设置效果

A. 该效果采用了无序列表

B. 该效果的列表项设置了粉红色的背景

C. 该效果设置了 margin-left 属性

D. 该效果设置了 list-style-image 属性

2. 判断题

（1）在设置 list-style-image 属性时，一般要求图片相对较小。　　（　　）

（2）一般情况下，为提高代码写入效率，能用简写样式时应尽量采用简写样式。（　　）

（3）列表样式默认是没有 padding 属性和 margin 属性的。（　　）

（4）如果要对列表的列表项进行并排显示，可采用浮动样式来实现。（　　）

（5）对列表项进行浮动样式设置后，不需要进行清除浮动设置。（　　）

实训任务 17　使用 CSS 动画制作页面下拉菜单

一、任务情境

小吴从主管处接到一项任务，需要为公司计算机端网页头部菜单中的酒店标识设置出场效果，对导航栏设置过渡效果。

本任务要求完成的网页格式符合 W3C 行业标准，与效果图一致。参考效果如图 1–17–1 和图 1–17–2 所示。

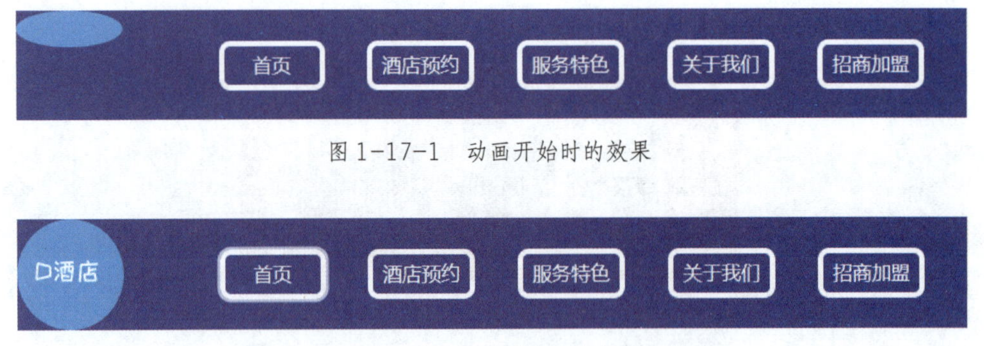

图 1-17-1　动画开始时的效果

图 1-17-2　鼠标经过导航栏时的过渡效果

二、任务分析

根据任务要求，可以通过 HTML5 标记及 CSS 样式设置生成网页格式，使用动画样式、过渡样式、变形样式等进行效果设置。

三、计划制订

根据任务分析，制订完成本任务的工作计划，填入表 1–17–1 中。

表 1-17-1　工作计划

序号	工作内容	所需时间

四、知识准备

按照表 1-17-2 的提示，完成本任务涉及的 HTML 相关知识的填写。

表 1-17-2　HTML 标签及样式

序号	内容	标签及样式
1	CSS 圆角边框	
2	CSS 文本对齐	
3	CSS 动画	
4	CSS 过渡	
5	CSS 变形（转换）	
6	CSS 阴影	
7	其他可能用到的 CSS	

五、任务实施

根据任务要求和工作计划，按照表 1–17–3 所列操作步骤提示完成操作。

表 1–17–3 操作步骤提示

序号	操作步骤	内容
1	创建网页	打开 Visual Studio Code 软件，新建网页文件
2	添加网页内容	输入网页头部导航内容和网页中部信息内容
3	创建 CSS 样式表	使用 Visual Studio Code 软件创建文件，并保存为 CSS 格式
4	设置背景样式	设置网页头部、中部背景样式
5	设置列表样式	设置网页头部、底部无序列表样式
6	设置边框样式	设置网页底部边框样式
7	设置网页布局	设置标签宽度、内外边距，使用 float 属性设置标签的水平排列等
8	保存并测试	保存后在浏览器中进行测试

六、任务评价

任务完成后，向同学展示作品，解说完成任务过程中的心得体会。展示完毕，可以从任务分析、任务实施和成果展示等方面，采用学生自评、学生互评、教师评价相结合的多元评价方式对该任务进行评价，任务评价表见表 1–17–4。

表 1–17–4 任务评价表

序号	评价要求	学生自评（占比 30%）	学生互评（占比 30%）	教师评价（占比 40%）
1	软件运用熟练，文件管理正确（20 分）			
2	能正确使用 HTML5 标记和 CSS 样式进行效果设置（30 分）			
3	最终的排版和动画效果合理（30 分）			
4	作品展示及工作过程分享时逻辑清晰、表达清楚（20 分）			
综合得分				

七、知识巩固与提高

1. 单项选择题

（1）CSS 转换能实现的功能不包括（　　）。

A. 移动　　B. 旋转

C. 动画　　D. 倾斜

（2）要将 div 元素顺时针旋转 30°，正确的样式设置是（　　）。

A. transform: rotate (30deg);　　B. transform: rotate (–30deg);

C. transform: rotateX (30deg);　　D. transform: rotateX (–30deg);

（3）要设置过渡效果的延迟，应使用（　　）属性。

A. transition–duration　　B. transition–delay

C. transition–property　　D. transition–timing–function

（4）关于样式设置“transition: width 3s linear 2s;”，以下说法中不正确的是（　　）。

A. 这是一种简写属性

B. 该过渡效果是针对宽度的过渡

C. 该过渡效果为先缓慢开始，然后加速，最后缓慢结束

D. 该过渡效果在开始前有 2 s 的延迟

（5）animation–iteration–count 属性的作用是（　　）。

A. 规定动画开始的延迟

B. 规定动画的速度曲线

C. 规定动画完成一个周期应花费的时间

D. 规定动画运行的次数

2. 判断题

（1）animation–duration 属性定义完成动画所需的时间，如果没有设置，则默认为 1 s。（　　）

（2）样式“animation: example 5s linear 2s infinite alternate;”表示完成一个周期需要 5 s。（　　）

（3）创建过渡效果只需要添加效果的 CSS 属性。（　　）

（4）样式“transition: width 3s, height 3s, transform 3s;”既实现了过渡效果，又实现了转换效果。（　　）

（5）样式“transform: skew (20deg, 30deg);”表示先向左倾斜 20°，再向右倾斜 30°。（　　）

实训任务 18　设置表单元素交互效果

一、任务情境

小吴从主管处接到一项任务，需要对公司的“贵宾留言板”进行美化，同时设置表单录入时的触发焦点状态效果。

本任务要求完成的网页格式符合 W3C 行业标准，与效果图一致。参考效果如图 1–18–1 所示。

图 1–18–1　表单美化参考效果

二、任务分析

根据任务要求和效果图，可以通过 HTML5 标记及 CSS 样式设置生成网页格式，使用表单和 <div> 标签等进行文字的插入，使用圆角边框、伪类“:focus”等样式进行效果的设置。

三、计划制订

根据任务分析，制订完成本任务的工作计划，填入表 1–18–1 中。

表 1-18-1　工作计划

序号	工作内容	所需时间

四、知识准备

按照表 1-18-2 的提示，完成本任务涉及的 HTML 相关知识的填写。

表 1-18-2　HTML 标签及样式

序号	内容	标签及样式
1	组合表单中的相关数据	
2	为组合表单元素定义标题	
3	为 input 元素定义标注	
4	input 元素	

续表

序号	内容	标签及样式
5	下拉列表	
6	文本域	
7	CSS 圆角边框	
8	CSS 边框	
9	CSS 字体	
10	CSS 位置	
11	CSS 伪类 “:focus”	
12	CSS 内边距	
13	CSS 外边距	
14	CSS 元素生成框的类型	
15	CSS 元素应用 2D 或 3D 转换	
16	CSS 调整元素大小	
17	CSS 宽高	
18	其他可能用到的 CSS	

五、任务实施

根据任务要求和工作计划，按照表 1-18-3 所列操作步骤提示完成操作。

表 1-18-3 操作步骤提示

序号	操作步骤	内容
1	创建网页	打开 Visual Studio Code 软件，新建网页文件
2	添加网页内容	输入留言板信息内容
3	创建 CSS 样式表	使用 Visual Studio Code 软件创建文件，并保存为 CSS 格式
4	设置边框样式	设置表单边框、选择项及触发控件的样式

续表

序号	操作步骤	内容
5	设置圆角边框样式	设置表单所有的圆角边框样式
6	设置背景渐变样式	设置按钮的颜色渐变样式
7	设置转换样式	设置复选框勾选时的 2D 转换样式
8	设置网页布局	设置标签宽度、内外边距、位置属性等样式
9	保存并测试	保存后在浏览器中进行测试

六、任务评价

任务完成后，向同学展示作品，解说完成任务过程中的心得体会。展示完毕，可以从任务分析、任务实施和成果展示等方面，采用学生自评、学生互评、教师评价相结合的多元评价方式对该任务进行评价，任务评价表见表 1-18-4。

表 1-18-4　任务评价表

序号	评价要求	学生自评（占比 30%）	学生互评（占比 30%）	教师评价（占比 40%）
1	软件运用熟练，文件管理正确（20 分）			
2	能正确使用 HTML5 标记和 CSS 样式设置生成网页格式，用表单和 <div> 标签等插入文字（20 分）			
3	能正确使用圆角边框、伪类等设置效果（20 分）			
4	排版最终效果合理（20 分）			
5	作品展示及工作过程分享时逻辑清晰、表达清楚（20 分）			
综合得分				

七、知识巩固与提高

1．单项选择题

（1）以下各选项中，能实现获得焦点状态功能的伪类是（　　）。

A. :active　　B. :visited　　C. :nth-child(*n*)　　D. :focus

（2）表单中的文本框默认为（　　）。

A. 正方形　　B. 圆角矩形　　C. 矩形　　D. 圆形

（3）vertical-align 属性的取值中，用于把元素的底端与父元素字体的底端对齐的是（　　）。

A. middle　　B. button　　C. text-bottom　　D. text-top

（4）样式设置中，要将元素相对于其正常位置进行定位，应设置（　　）。

A. position: relative;　　B. position: static;

C. position: fixed;　　D. position: absolute;

（5）部分浏览器的表单自带焦点状态效果，对于此种情况，（　　）。

A. 无须清除浏览器的轮廓效果，自己设置的“:focus”优先执行

B. 需要先清除浏览器的轮廓效果，自己设置的“:focus”才能起作用

C. 只能使用浏览器自带效果，不能自行设置

D. 如不清除浏览器的轮廓效果，自己设置的“:focus”和浏览器自带效果会随机执行

2. 判断题

（1）每个 HTML 元素都有一个默认的 display 值，主要取决于它的元素类型。大多数元素默认的 display 值为 block 或 inline。（　　）

（2）border 简写属性中，一般按 border-width、border-style、border-color 的顺序进行设置。（　　）

（3）当 margin 属性有 3 个属性值时，第 2 个值表示下方向的值。（　　）

（4）样式“background:linear-gradient (45deg, #f00, #ff0);”表示 45° 方向由黄色向红色渐变。（　　）

（5）如果样式“border-radius”有 2 个属性值，则第 2 个属性值表示左上角和右下角的值。（　　）

第三阶段　制作响应式网页

实训任务 19　制作响应式导航菜单

一、任务情境

小吴从主管处接到一项任务，要求制作网站的页脚部分，内容要兼容计算机端、平板端、手机端多平台。

完成的网页格式符合 W3C 行业标准，与效果图一致。参考效果如图 1-19-1 所示。

计算机端（宽度大于等于1 024 px）

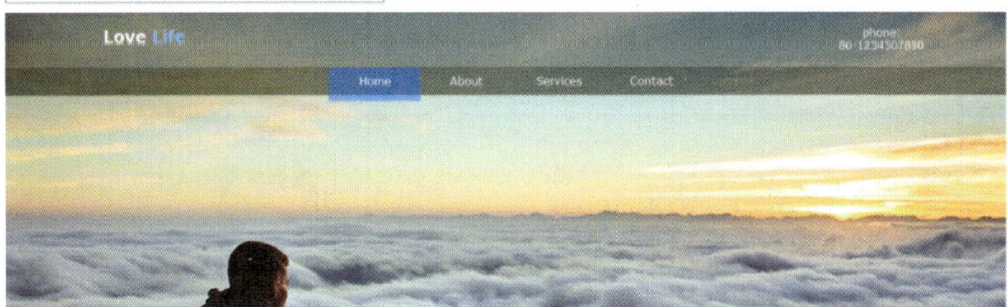

平板端（宽度为768 px ~ 1 023 px）

手机端（宽度小于768 px）

图 1-19-1　参考效果图

二、任务分析

本任务可以通过 CSS 媒体查询功能制作多平台的兼容效果，即在两种分辨率范围设置不同的 CSS，在计算机端和平板端下，内容水平排列，在手机端下隐藏部分内容并更改排列方式。

三、计划制订

根据任务分析，制订完成本任务的工作计划，填入表 1-19-1 中。

表 1-19-1　工作计划

序号	工作内容	所需时间

四、知识准备

按照表 1-19-2 的提示，完成本任务涉及的 CSS 相关知识的填写。

表 1-19-2　CSS 样式代码

序号	内容	代码
1	用于所有设备的媒体查询	
2	用于计算机端的媒体查询	
3	用于平板端的媒体查询	
4	用于手机端的媒体查询	

按照表 1-19-3 的提示，完成本任务涉及的 HTML 相关知识的填写。

表 1-19-3　HTML 标签

序号	内容	标签
1	通过 <link> 标签和媒体查询引用手机端的 CSS 文件	
2	让页面兼容手机端的 <meta> 标签	

五、任务实施

根据任务要求和工作计划，按照表 1-19-4 所列操作步骤提示完成操作。

表 1-19-4　操作步骤提示

序号	操作步骤	内容
1	HTML 制作	根据布局结构的分析完成静态标签的制作
2	CSS 样式设置	为标签设置结构样式，实现基本的排版
3	响应式样式设置	添加媒体查询的样式，实现适应不同分辨率的响应式布局
4	完善细节	完善文字、图标、颜色的细节设置

六、任务评价

任务完成后，向同学展示作品，解说完成任务过程中的心得体会。展示完毕，可以从任务分析、任务实施和成果展示等方面，采用学生自评、学生互评、教师评价相结合的多元评价方式对该任务进行评价，任务评价表见表 1-19-5。

表 1-19-5　任务评价表

序号	评价要求	学生自评（占比 30%）	学生互评（占比 30%）	教师评价（占比 40%）
1	文字、图标效果制作正确（20 分）			
2	标签层次结构正确、合理（20 分）			
3	能正确使用媒体查询语句（20 分）			
4	最终效果在两种分辨率下均排版正确（20 分）			
5	作品展示及工作过程分享时逻辑清晰、表达清楚（20 分）			
综合得分				

七、知识巩固与提高

1. 单项选择题

（1）以下对媒体查询“@media”描述正确的是（　　）。

A. 可搜索页面中视频、音频等媒体数据

B. 能区分 iOS、Android、Windows 等不同操作系统

C. 可以针对不同的屏幕尺寸设置不同的样式

D. 它是一种 HTML 标签代码

（2）媒体查询“@media print”用于（　　）。

A. 打印机　　B. 计算机显示器

C. 电视机　　D. 所有媒体类型设备

（3）媒体查询“@media all and (min-width:768px){}”适用的宽度范围是（　　）。

A. 小于 768 px　　B. 小于等于 768 px

C. 大于 768 px　　D. 大于等于 768 px

（4）要设置媒体查询适用的宽度范围为 320（包括）~ 768 px（不包括），应写为（　　）。

A. @media all and (min-width:320px) and (max-width:768px){}

B. @media all and (max-width:320px) and (min-width:768px){}

C. @media all and (min-width:320px) and (max-width:767px){}

D. @media all and (min-width:321px) and (max-width:768px){}

（5）下面的媒体查询代码作用于一指定的文字，在计算机端（浏览器宽度大于 1 024 px）该文字显示为（　　）。

```
@media all and(min-width:1024px){
    font{color:green;}
}
@media all and(min-width:768px){
    font{color:blue;}
}
@media all and(min-width:320px){
    font{color:red;}
}
```

A. 绿色　　B. 蓝色

C. 红色　　D. 系统默认的黑色

2. 判断题

（1）响应式设计就是让网站在不同尺寸和不同功能的设备上都能正常运行。（　　）

（2）设置多个媒体查询时，它们在代码中的先后顺序对结果不会有任何影响。（　　）

（3）同一个页面中多个媒体查询设置的分辨率范围不允许重叠。（　　）

（4）“@media (max-width:300px), (min-height:500px){}”的作用范围是宽度小于等于 300 px 或者高度大于等于 500 px。（　　）

（5）如果 <head> 内不添加 <meta name="viewport" content="width=device-width, initial-scale=1.0">，则页面在手机端的分辨率都将为宽度 980 px。（　　）

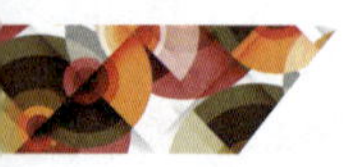

实训任务 20　编写网页栅格系统

一、任务情境

小吴从主管处接到一项任务，要求制作用于展示个人图片的相册页面，图片的排布要求使用栅格化排版，并且可以根据不同浏览设备（计算机、平板或手机）调整排布，使图片清晰可见。

本任务要求完成的网页格式符合 W3C 行业标准，与效果图一致。参考效果如图 1-20-1 所示。

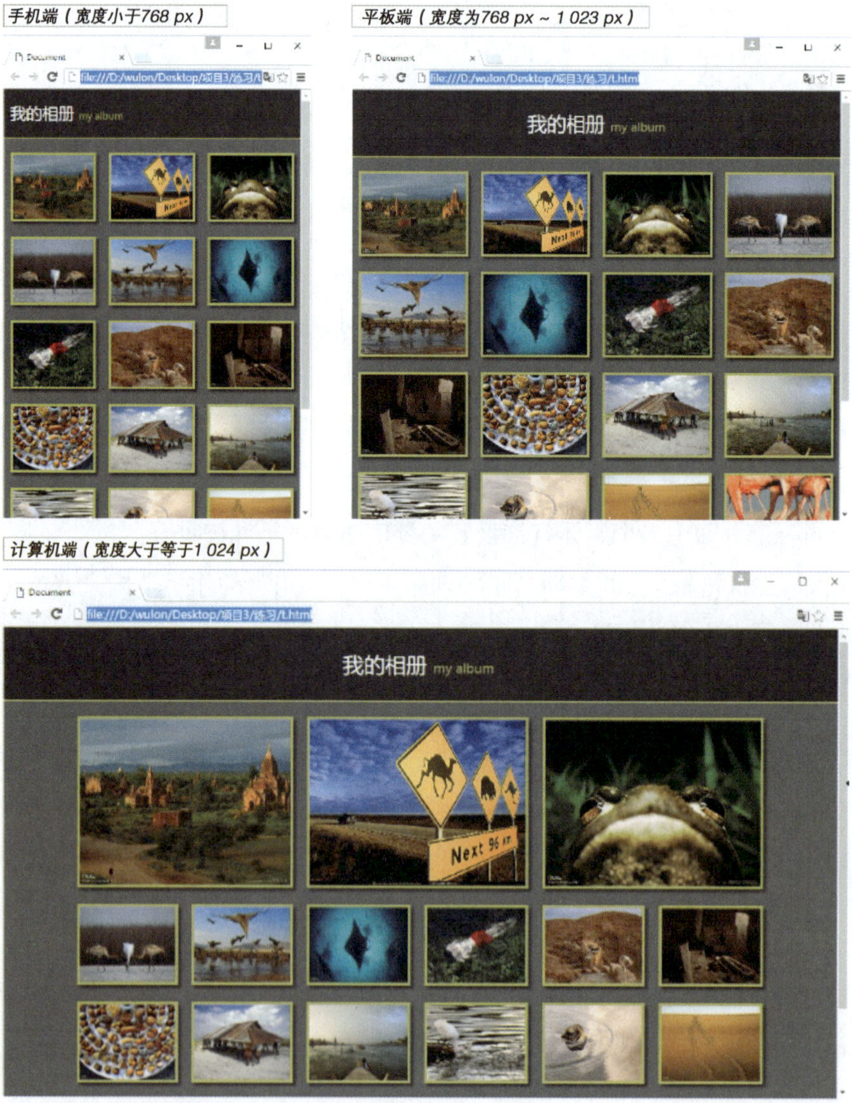
手机端（宽度小于768 px）
平板端（宽度为768 px ~ 1 023 px）
计算机端（宽度大于等于1 024 px）
Document
file:///D:/wulon/Desktop/项目3/练习/1.html
我的相册 my album

图 1-20-1　参考效果图

二、任务分析

本任务需要先在 CSS 中设置栅格化布局中每一种比例的选择符，同时结合媒体查询为三种宽度的设备分别进行设置，使栅格化的排版在不同设备下应用不同的设置。在计算机端应该限制图片总范围的最大宽度，避免图片显示过大。

三、计划制订

根据任务分析，制订完成本任务的工作计划，填入表 1-20-1 中。

表 1-20-1 工作计划

序号	工作内容	所需时间

四、知识准备

按照表 1-20-2 的提示，完成本任务涉及的 CSS 相关知识的填写。

表 1-20-2 CSS 样式代码

序号	内容	代码
1	6 份栅格化，1～6 份对应的百分比值	
2	12 份栅格化，1～12 份对应的百分比值	

续表

序号	内容	代码
3	24 份栅格化，1～24 份对应的百分比值	
4	怪异盒子模型	
5	标签阴影	
6	使用属性选择符选择所有 class 名称中存在“grid_”的标签	

按照表 1-20-3 的提示，完成本任务涉及的 HTML 结构标签相关知识的填写。

表 1-20-3　HTML 标签

内容	标签
为一个 div 标签的 class 添加三种设备下的栅格设置	

五、任务实施

根据任务要求和工作计划，按照表 1-20-4 所列操作步骤提示完成操作。

表 1-20-4　操作步骤提示

序号	操作步骤	内容
1	栅格化 CSS 文件制作	以 12 份栅格化为标准，计算不同份数下的百分比，设置栅格化的 CSS 样式。结合媒体查询，为不同分辨率分别设置栅格化样式
2	HTML 制作	根据效果图，结合栅格化样式完成计算机端的标签排版布局
3	响应式样式设置	完成不同分辨率下的栅格化排版设置
4	完善细节	完善文字、图标、颜色的细节设置

六、任务评价

任务完成后，向同学展示作品，解说完成任务过程中的心得体会。展示完毕，可以从任务分析、任务实施和成果展示等方面，采用学生自评、学生互评、教师评价相结合的多元评价方式对该任务进行评价，任务评价表见表 1-20-5。

表 1-20-5　任务评价表

序号	评价要求	学生自评（占比 30%）	学生互评（占比 30%）	教师评价（占比 40%）
1	栅格化 CSS 文件制作正确（30 分）			
2	界面与效果图要求一致（30 分）			
3	最终效果在三种分辨率下均排版正确（20 分）			
4	作品展示及工作过程分享时逻辑清晰、表达清楚（20 分）			
综合得分				

七、知识巩固与提高

1. 单项选择题

（1）以下对网页栅格系统的描述中错误的是（　　）。

A. 网页栅格系统以规则的网格阵列来指导和规范网页中的版面布局

B. 将栅格化布局和媒体查询功能相结合，可实现在不同的浏览器宽度下自动调整布局结构

C. 应用栅格系统可使网页更加规范，但格式较为固定，缺少灵活性

D. 栅格化一般划分为 12 份或 24 份，以便适用于不同比例划分的页面排版

（2）如图 1-20-2 所示，以 6 份划分的栅格系统，标签依次使用的份数为（　　）。

图 1-20-2　以 6 份划分的栅格系统

A. 2　1　1　2　3　　　　B. 2　1　3　1　2

C. 4　2　2　4　6　　　　D. 6　3　3　6　12

（3）以 24 份划分的栅格系统中，当每个标签都添加“class='grid_4'”时，一行将放置（　　）个标签。

A. 4　　　　B. 6　　　　C. 8　　　　D. 12

（4）以 12 份划分的栅格系统中，若需要在手机端每行放置 2 个标签（用 s 表示），在平板端每行放置 4 个标签（用 m 表示），在计算机端每行放置 3 个标签（用 l 表示），下面 class 设置正确的是（ ）。

A. class='grid_s2 grid_m4 grid_l3'

B. class='grid_s2 grid_m3 grid_l6'

C. class='grid_s6 grid_m3 grid_l2'

D. class='grid_s6 grid_m3 grid_l4'

（5）属性选择符 [att*="val"] 的作用是（ ）。

A. 选择带有 val 属性的标签

B. 选择属性 att 的值中存在“val”的标签

C. 选择属性 att 的值中以“val”开头的标签

D. 选择属性 att 的值中以“val”结尾的标签

2. 判断题

（1）栅格化的意思是将页面划分成一块一块的区域，根据页面需要将栅格重新排列。（ ）

（2）栅格化可使页面排列整齐美观，但代码编写烦琐复杂。（ ）

（3）栅格化只能采用 6 等分、12 等分、24 等分的方式划分。（ ）

（4）如果使用 6 等分进行栅格化，页面水平方向可由宽度相等的 4 份栅格组成。（ ）

（5）栅格化的份数、间距、命名等能自由设置。（ ）

实训任务 21　重布局页面实现响应式效果

一、任务情境

小吴从主管处接到一项任务，要求根据计算机、平板、手机三种不同的浏览设备分别调整底部联系方式和版权信息的排版布局，完成的网页格式符合 W3C 行业标准，与效果图一致。参考效果如图 1-21-1 所示。

计算机端、平板端（宽度大于等于768 px）

联系我们 / Contact

电话：1363133****
Email：123456789@qq.com
地址：广州市黄埔区凝彩路126号6205房

粤ICP备13300762号-1
粤公网安备 110108029026号
Copyright © 2022 XX网 保留所有权利

手机端（宽度小于768 px）

图 1-21-1　参考效果图

二、任务分析

通过分析任务，可以发现计算机端和平板端页面分为两大部分，可以考虑使用栅格系统来完成布局，应用媒体查询完成不同设备中的显示效果。

三、计划制订

根据任务分析，制订完成本任务的工作计划，填入表 1-21-1 中。

表 1-21-1　工作计划

序号	工作内容	所需时间

四、知识准备

按照表 1-21-2 的提示，完成本任务涉及的 CSS 相关知识的填写。

表 1-21-2　CSS 样式代码

序号	内容	代码
1	背景图片覆盖满整个网页	
2	背景颜色为透明度 30% 的黑色	
3	为标签添加阴影，制作出下边框效果	

按照表 1-21-3 的提示，完成本任务涉及的 HTML 相关知识的填写。

表 1-21-3　HTML 标签

序号	内容	标签
1	为 1 个 div 标签的 class 添加栅格（12 份）设置，使标签占用 4 份栅格，且在当前行居中放置	
2	为 2 个 div 标签的 class 添加栅格（12 份）设置，使每个标签占用 3 份栅格，且在当前行分别左右放置	

五、任务实施

根据任务要求和工作计划，按照表 1-21-4 所列操作步骤提示完成操作。

表 1-21-4　操作步骤提示

序号	操作步骤	内容
1	完善栅格化 CSS 文件	为不同分辨率的栅格化设置添加留白
2	HTML 制作	分析不同分辨率下标签排版的变化，设置对应的标签结构，完成标签部分的制作
3	响应式样式设置	为标签添加栅格化样式，实现不同分辨率下的排版设置
4	完善细节	完善文字、图标、颜色的细节设置

六、任务评价

任务完成后，向同学展示作品，解说完成任务过程中的心得体会。展示完毕，可以从任务分析、任务实施和成果展示等方面，采用学生自评、学生互评、教师评价相结合的多元评价方式对该任务进行评价，任务评价表见表 1–21–5。

表 1–21–5　任务评价表

序号	评价要求	学生自评（占比 30%）	学生互评（占比 30%）	教师评价（占比 40%）
1	栅格化 CSS 文件制作正确（20 分）			
2	界面与效果图要求一致（30 分）			
3	最终效果在三种分辨率下均排版正确（30 分）			
4	作品展示及工作过程分享时逻辑清晰、表达清楚（20 分）			
综合得分				

七、知识巩固与提高

以下为单项选择题，各选择符中，“grid_”表示栅格数量，“ml_”表示左侧留白数量。

1. 以 12 份划分的栅格排版标签 <div class="grid_3 ml_2"></div>，实际效果应该为(　　)。

A.

B.

C.

D.

2. 以 12 份划分的栅格系统，实现图 1–21–2 所示效果的标签代码是(　　)。

图 1–21–2　第 2 题显示效果

A. <div class="grid_3 ml_2"></div>

<div class="grid_3"></div>

<div class="grid_3 ml_2"></div>

B. <div class="grid_3"></div>

<div class="grid_3 ml_2"></div>

<div class="grid_3 ml_2"></div>

C. <div class="grid_2 ml_3"></div>

<div class="grid_2 ml_3"></div>

<div class="grid_2 ml_3"></div>

D. <div class="grid_2"></div>

<div class="grid_2 ml_3"></div>

<div class="grid_2 ml_3"></div>

3. 以 12 份划分的栅格系统，要实现如图 1-21-3 所示在不同设备下的排版效果，正确的标签代码是（　　）。

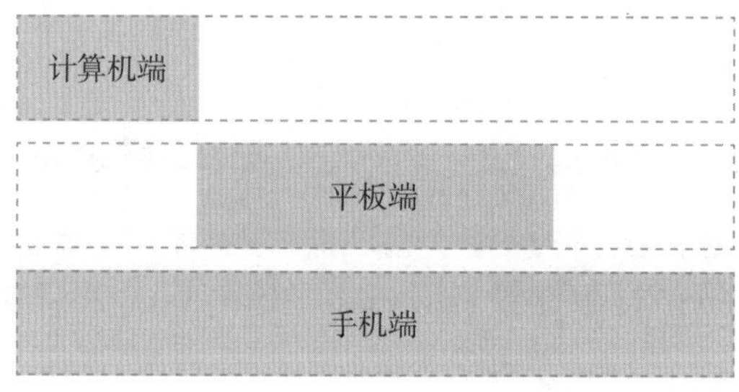

图 1-21-3　第 3 题显示效果

A. <div class="grid_s12 ml_m3 grid_m6 grid_L3"></div>

B. <div class="grid_s12 grid_m6 ml_m6 grid_L3"></div>

C. <div class="grid_s3 grid_m6 ml_m3 grid_L12"></div>

D. <div class="grid_s3 ml_s9 grid_m6 ml_m3 grid_L12"></div>

4. 以 12 份划分的栅格系统，下面代码的实际效果应为（　　）。

```
<div class="grid_6 ml_6"><div class="grid_3">第 2 层</div></div>
```

A. 第 2 层

B. 第 2 层

C. 第 2 层

D. 第 2 层

5. 为 <body> 添加 CSS 的背景设置（　　），可使背景图片不重复，覆盖满整个网页背景，且图片不会因长宽比变化导致变形。

A. background: url（图片路径）no-repeat cover fixed;

B. background: url（图片路径）no-repeat center/cover fixed;

C. background: url（图片路径）no-repeat center/100% fixed;

D. background: url（图片路径）no-repeat center/100% 100% fixed;

实训任务 22　对页面进行无障碍改造

一、任务情境

小吴从主管处接到一项任务，要求为现有的用户信息编辑页面添加无障碍使用功能，更好地为视力障碍人士提供页面访问服务，让页面能够在 NVDA 等屏幕阅读器的辅助下使用。

本任务要求完成的网页格式符合 W3C 行业标准和 WCAG 2.0（内容无障碍指南）标准。进行无障碍改造的网页如图 1-22-1 所示。

图 1-22-1　进行无障碍改造的网页效果图

二、任务分析

本任务的操作结果需要通过 NVDA 等屏幕阅读器进行测试。页面通过鼠标或键盘操作时，表单标签获取焦点后，阅读出当前标签的作用内容，可通过标签属性或 label 标签进行添加。单选表单除了要告知当前选项的内容，也要告知该选项是对什么内容进行选择，可在单选标签的父标签上进行文字提示。另外，对处于焦点状态的表单标签，可设置对比度较高的边框颜色，提醒用户注意。

三、计划制订

根据任务分析，制订完成本任务的工作计划，填入表 1–22–1 中。

表 1–22–1　工作计划

序号	工作内容	所需时间

四、知识准备

按照表 1–22–2 的提示，完成本任务涉及的 HTML 相关知识的填写。

表 1–22–2　HTML 标签

序号	内容	标签
1	图片通过什么属性提供读屏信息	
2	表单标签提供读屏信息的几种方法	
3	其他标签通过哪种 aria– 属性提供读屏信息	

续表

序号	内容	标签
4	让无法获取焦点的标签获取焦点	
5	声明页面默认语言	
6	设置页面标题	

按照表 1–22–3 的提示，完成本任务涉及的 CSS 相关知识的填写。

表 1–22–3　CSS 样式代码

内容	代码
修改表单标签处于焦点状态时的边框颜色	

五、任务实施

根据任务要求和工作计划，按照表 1–22–4 所列操作步骤提示完成操作。

表 1–22–4　操作步骤提示

序号	操作步骤	内容
1	分析页面	归纳当前页面在无障碍使用中的不足（如标签在焦点状态时样式不够突显，页面未设置阅读语言和页面标题，多数表单标签、图片未添加读屏信息等）
2	强化页面视觉效果	对表单标签在焦点状态下添加粗边框，起到在视觉上突出显示的效果
3	添加读屏信息	设置页面的语言和页面标题，完善各个表单、图片的读屏信息
4	页面测试	使用 NVDA 读屏软件进行页面测试，对无法完整表达出信息的部分进行完善

六、任务评价

任务完成后，向同学展示作品，解说完成任务过程中的心得体会。展示完毕，可以从任务分析、任务实施和成果展示等方面，采用学生自评、学生互评、教师评价相结合的多元评价方式对该任务进行评价，任务评价表见表 1–22–5。

表 1-22-5　任务评价表

序号	评价要求	学生自评（占比 30%）	学生互评（占比 30%）	教师评价（占比 40%）
1	页面设计符合 WCAG 2.0 标准（40 分）			
2	使用读屏软件能正常提示网页信息（40 分）			
3	作品展示及工作过程分享时逻辑清晰、表达清楚（20 分）			
	综合得分			

七、知识巩固与提高

1. 单项选择题

（1）以下选项中，属于无障碍化受益人群的是（　　）。

A. 普通人　　B. 视力障碍用户

C. 听力、智力、精神、肢体障碍用户　　D. 以上都是

（2）（　　）不是网站无障碍设计提供的功能。

A. 使用适合阅读的字号　　B. 为视频添加字幕

C. 生动有趣的小游戏　　D. 浏览路径简单、明确

（3）遵循 WCAG 2.0 标准，如果一个按钮标签起到超链接的作用，应将其“角色”定义为（　　）。

A. role="alert"　　B. role="button"

C. role="link"　　D. role="menu"

（4）以下属性或标签不能为表单标签提供读屏信息的是（　　）。

A. alt=" "　　B. placeholder=" "

C. aria-label=" "　　D. <label></label>

（5）如果要使一个表单标签成为必填选项，可添加属性（　　）。

A. aria-required="true"　　B. aria-invalid="true"

C. aria-hidden="true"　　D. aria-disabled="true"

2. 判断题

（1）NVDA、Jaws 等屏幕阅读器能自动读取网页内容，网页无须为视力障碍人士进行特殊设置。（　　）

（2）遵循 WCAG 2.0 进行无障碍网页设计，要求全网站页面可用键盘操作，不限于鼠标。（　　）

（3）网页中所有图片标签都要添加 alt 属性提示图片内容。（　　）

（4）由于视力障碍人士无法看到页面内容，所以网页中的文字、背景等颜色可随意设置。（　　）

（5）表格用 <th> 标签定义 table 的头，用 <caption> 标签描述表格的总体情况；复杂的表格用 id 和 header 属性来说明归属关系。（　　）

实训任务 23　测试及兼容性设置

一、任务情境

小吴从主管处接到一项任务，要求测试一些新的 CSS 样式的效果，但它们还没有成为符合 W3C 标准的页面，需修改 CSS 代码让尽可能多的浏览器识别该效果。

本任务要求完成的网页格式符合 W3C 行业标准，参考效果如图 1-23-1 所示。

图 1-23-1　参考效果图

二、任务分析

本任务操作需要了解网页中使用的新 CSS 样式的作用，以及浏览器对其的兼容性。

兼容性可通过网址 https://caniuse.com/ 进行查询，对不兼容的样式代码需添加浏览器私有前缀。

三、计划制订

根据任务分析，制订完成本任务的工作计划，填入表 1-23-1 中。

表 1-23-1　工作计划

序号	工作内容	所需时间

四、知识准备

按照表 1-23-2 的提示，完成本任务涉及的 CSS 相关知识的填写。

表 1-23-2　CSS 中的浏览器私有前缀

序号	内容	代码
1	IE 的私有前缀	
2	Firefox 的私有前缀	
3	Opera 的私有前缀	
4	Chrome、Edge、Safari 的私有前缀	

五、任务实施

根据任务要求和工作计划，按照表 1-23-3 所列操作步骤提示完成操作。

表 1-23-3 操作步骤提示

序号	操作步骤	内容
1	CSS 样式兼容性检查	检查页面中的 CSS 样式的兼容性，对出现问题的 CSS 样式通过网址 https://caniuse.com/ 检查兼容情况
2	添加浏览器前缀	根据查询到的兼容性情况，针对浏览器为 CSS 样式添加可兼容的前缀
3	效果测试	使用不同的浏览器测试兼容效果

六、任务评价

任务完成后，向同学展示作品，解说完成任务过程中的心得体会。展示完毕，可以从任务分析、任务实施和成果展示等方面，采用学生自评、学生互评、教师评价相结合的多元评价方式对该任务进行评价，任务评价表见表 1-23-4。

表 1-23-4 任务评价表

序号	评价要求	学生自评（占比 30%）	学生互评（占比 30%）	教师评价（占比 40%）
1	正确添加 CSS3 前缀（40 分）			
2	在不同浏览器下呈现的代码效果符合要求（40 分）			
3	作品展示及工作过程分享时逻辑清晰、表达清楚（20 分）			
综合得分				

七、知识巩固与提高

1. 单项选择题

（1）W3C 制定的 WEB 标准不包括（　　）。

A. 结构化标准语言　　B. Dreamweaver

C. CSS　　D. DOM

（2）以下 HTML 代码中，符合 W3C 行业标准的是（　　）。

A. <html>　　B. <title></title>

C. <p style='width: 200px;'></p>　　D. <img src="img/img1.png">

（3）W3C 对于 WEB 标准提出了规范化的要求，以下说法中不正确的是（　　）。

A. 标签和属性名字母要小写

B. 标签要闭合

C. 尽量使用外链 CSS 样式表和 JS 脚本

D. 标签的 id 和 class 等属性可以随意命名，只要 CSS 选择符能对应上名字即可

（4）以下浏览器中，不是使用 Webkit 内核的是（　　）。

A. Chrome　　B. Firefox　　C. Edge　　D. Safari

（5）以下 CSS 属性中，能在 Chrome 浏览器中生效的是（　　）。

A. border-radius: 100px;　　B. -ms-border-radius: 100px;

C. -moz-border-radius: 100px;　　D. -o-border-radius: 100px;

2. 判断题

（1）W3C 组织制定关于 WEB 技术的一些标准，例如 HTML、CSS、JS 等。（　　）

（2）W3C 最重要的工作是发展 WEB 规范，对互联网的发展和应用起到基础性和根本性的支撑作用。（　　）

（3）所有 CSS 属性都要添加浏览器前缀。（　　）

（4）360 浏览器拥有独自研发的内核，与其他浏览器不一样。（　　）

（5）因为部分 CSS 属性并不被所有浏览器兼容，所以部分浏览器可通过设置私有前缀，让属性在当前浏览器中单独生效。（　　）

项目二
使用 Bootstrap 开源框架快速搭建响应式网页

实训任务 1　配置 Bootstrap 开发环境

一、任务情境

小吴为了能更便捷、迅速地进行网站页面开发，准备学习网页框架 Bootstrap，现需要下载用于生产环境的 Bootstrap 文件，并配置开发环境。

二、任务分析

本任务的内容是通过了解 Bootstrap 开源框架的作用，完成框架文件的下载和开发环境的配置。

三、计划制订

根据任务分析，制订完成本任务的工作计划，填入表 2–1–1 中。

表 2–1–1　工作计划

序号	工作内容	所需时间

四、知识准备

按照表 2–1–2 的提示，完成本任务涉及的 HTML 相关知识的填写。

表 2–1–2　HTML 标签

序号	内容	标签
1	引用 Bootstrap 的 CSS 文件	
2	让页面兼容移动端的 <meta> 标签	
3	引用 jquery.js 文件	
4	引用 Bootstrap 的 JS 文件	
5	引用兼容旧版本 IE 的 JS 文件	

五、任务实施

根据任务要求和工作计划，按照表 2–1–3 所列操作步骤提示完成操作。

表 2–1–3　操作步骤提示

序号	操作步骤	内容
1	框架文件下载	在 Bootstrap 官网下载符合当前开发环境的框架文件
2	框架架设	根据 Bootstrap 的使用规范，为页面添加框架相关的 CSS、JS 文件
3	效果测试	通过简单的框架代码测试框架是否能正常运行

六、任务评价

任务完成后，向同学展示作品，解说完成任务过程中的心得体会。展示完毕，可以从任务分析、任务实施和成果展示等方面，采用学生自评、学生互评、教师评价相结合的多元评价方式对该任务进行评价，任务评价表见表 2–1–4。

表 2–1–4 任务评价表

序号	评价要求	学生自评（占比 30%）	学生互评（占比 30%）	教师评价（占比 40%）
1	能正确下载 Bootstrap 所需文件并添加到网站目录中（40 分）			
2	能正确引用 Bootstrap 相关文件到网页（40 分）			
3	作品展示及工作过程分享时逻辑清晰、表达清楚（20 分）			
综合得分				

七、知识巩固与提高

以下是判断题。

1. 框架的作用是省略一些基本的相同底层代码的反复书写，设计者只需调用框架就可以实现想要的功能。 （ ）

2. Bootstrap 用于开发响应式布局、移动设备优先的 WEB 项目。 （ ）

3. Bootstrap 是一种全新的、独立的网站前端开发语言。 （ ）

4. Bootstrap 框架依赖于对应的 CSS、JS 文件。 （ ）

5. Bootstrap 提供的代码是固定的，且无法修改。 （ ）

实训任务 2　使用 Bootstrap 栅格系统快速布局页面

一、任务情境

小吴现在需要使用 Bootstrap 栅格系统制作一个页面的整体布局，并且使其可以根据浏览设备的类型（手机、计算机或平板）分别调整排布。

本任务要求完成的网页格式符合 W3C 行业标准，与效果图一致。参考效果如图 2-2-1 所示。

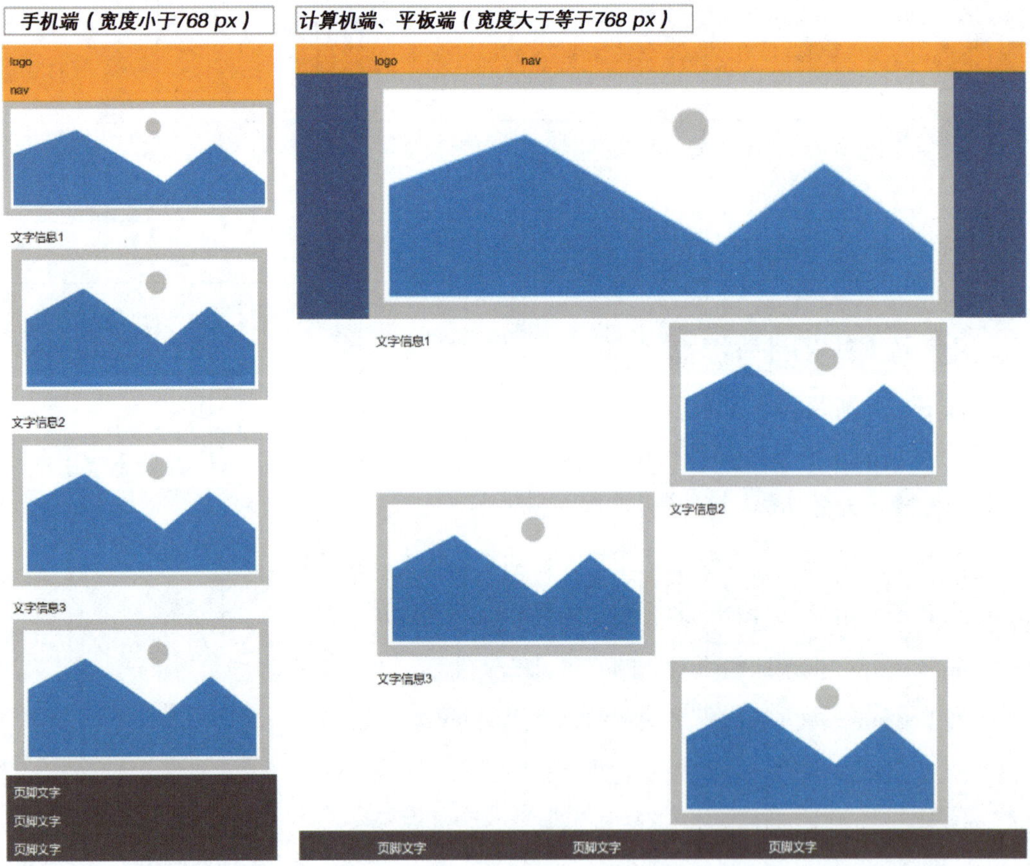

图 2-2-1　参考效果图

二、任务分析

本任务的内容是通过 Bootstrap 栅格系统完成制作，要注意 Bootstrap 栅格系统相关标签的嵌套关系。部分模块有整行的背景颜色，可在原标签的外层添加一父标签，用于设置背景。中间图文混排的区域可为列标签“col-”设置“右浮动”属性，控制其水平排列的顺序。

三、计划制订

根据任务分析，制订完成本任务的工作计划，填入表 2–2–1 中。

表 2–2–1　工作计划

序号	工作内容	所需时间

四、知识准备

按照表 2–2–2 的提示，完成本任务涉及的 HTML 相关知识的填写。

表 2–2–2　HTML 标签

序号	内容	标签
1	固定宽度的布局容器	
2	100% 宽度的布局容器	
3	行容器	
4	四种分辨率下分别布局的列容器	

五、任务实施

根据任务要求和工作计划，按照表 2–2–3 所列操作步骤提示完成操作。

表 2-2-3 操作步骤提示

序号	操作步骤	内容
1	框架架设	为页面添加 Bootstrap 框架相关文件
2	制作布局容器	为页面从上到下的 4 个主要模块（导航栏、图片栏、内容部分、页脚部分）创建对应的布局容器
3	列容器的栅格排版	为每个布局容器内的列容器设置栅格布局（移动端垂直排列，非移动端水平排列）
4	完善细节	完善背景、边界等细节设置

六、任务评价

任务完成后，向同学展示作品，解说完成任务过程中的心得体会。展示完毕，可以从任务分析、任务实施和成果展示等方面，采用学生自评、学生互评、教师评价相结合的多元评价方式对该任务进行评价，任务评价表见表 2-2-4。

表 2-2-4 任务评价表

序号	评价要求	学生自评（占比 30%）	学生互评（占比 30%）	教师评价（占比 40%）
1	Bootstrap 栅格系统标签层次结构正确合理（30 分）			
2	文字、图片、背景颜色制作正确（30 分）			
3	在两种分辨率下均排版正确（20 分）			
4	作品展示及工作过程分享时逻辑清晰、表达清楚（20 分）			
综合得分				

七、知识巩固与提高

以下是单项选择题。

1. Bootstrap 栅格系统中，小屏幕、平板使用的类前缀是（　　）。

A. .col-xs-　　B. .col-sm-

C. .col-md-　　D. .col-lg-

2. 以下代码中，想要在超小屏幕和小屏幕显示两列，在中屏幕和大屏幕显示三列，每个 div 的 class 正确的写法是（　　）。

```
<div class="row">
    <div class=" ">item1</div>
    <div class=" ">item2</div>
    <div class=" ">item3</div>
    ……
</div>
```

A. col–sm–6 col–md–4　　　　B. col–sm–6 col–lg–4

C. col–xs–6 col–lg–4　　　　D. col–xs–6 col–md–4

3. 以下选项中能实现列偏移的类是（　　）。

A. .col–md–offset–*　　　　B. .col–md–pull–*

C. .col–md–push–*　　　　D. .col–md–move–*

4. 如果 Bootstrap 栅格布局里又嵌入了栅格布局，总的标签层次的 class 依次为（　　）。

A. .container > .row > .col–* > .container > .row > .col–*

B. .container > .row > .col–* > .row > .col–*

C. .container > .row > .col–* > .col–*

D. .container > .row > .col–* > .container > .col–*

5. 在 bootstrap 中，以下栅格系统的用法中错误的是（　　）。

A. <div class="container"><div class="row"></div></div>

B. <div class="row"><div class="col–md–1"></div></div>

C. <div class="row"><div class="container"></div></div>

D. <div class="col–md–1"><div class="row"></div></div>

实训任务 3　使用 Bootstrap 组件和 JS 插件制作网页导航条

一、任务情境

小吴现在需要使用 Bootstrap 为某企业制作网站导航栏，并且使其可以根据浏览设备的类型（手机、计算机或平板）分别调整排布，在手机端导航栏链接和搜索栏分别实现点击按钮显示隐藏的折叠菜单。

本任务要求完成的网页格式符合 W3C 行业标准，与效果图一致。参考效果如图 2-3-1 所示。

计算机端、平板端（宽度大于等于768 px）

金泰科技　产品介绍　推荐　最新消息　关于我们　搜索产品　搜索

手机端（宽度小于768 px）

金泰科技

搜索产品　搜索

金泰科技

产品介绍

推荐

最新消息

关于我们

图 2-3-1　参考效果图

二、任务分析

本任务的内容是通过 Bootstrap 导航栏组件进行制作，并实现两个模块单击按钮时的显示隐藏功能，需要分别为这两个模块设置按钮标签和折叠容器标签。这些容器标签默认为块元素，为了让其能放置在同一行，还要追加浮动设置。搜索组件可通过官方网站查找标签代码获取，搜索组件默认宽度为 100%，需要额外设置 CSS 样式限制其宽度。另外，部分 Bootstrap 默认的或未提供的样式需要自行修改和设置。

三、计划制订

根据任务分析，制订完成本任务的工作计划，填入表 2-3-1 中。

表 2-3-1　工作计划

序号	工作内容	所需时间

四、知识准备

按照表 2-3-2 和表 2-3-3 的提示，完成本任务涉及的网页知识的填写。

表 2-3-2　HTML 标签

序号	内容	标签
1	Bootstrap 导航栏的标签结构	
2	导航栏折叠菜单的按钮标签	
3	导航栏折叠菜单的容器标签	
4	导航栏中左右浮动的 class	

续表

序号	内容	标签
5	搜索的字体图标	
6	搜索栏组件	

表 2-3-3　CSS 样式代码

内容	代码
修改菜单选项中特定链接的背景、文字样式	

五、任务实施

根据任务要求和工作计划，按照表 2-3-4 所列操作步骤提示完成操作。

表 2-3-4　操作步骤提示

序号	操作步骤	内容
1	框架架设	为页面添加 Bootstrap 框架相关文件
2	制作栏容器的各种容器	制作导航栏的整体结构，添加 logo 容器、折叠菜单的按钮标签、折叠菜单的容器标签
3	为容器添加内容	添加按钮图标，为折叠菜单容器添加菜单和搜索组件
4	完善细节	修改部分 Bootstrap 样式的排版规则和外观样式

六、任务评价

任务完成后，向同学展示作品，解说完成任务过程中的心得体会。展示完毕，可以从任务分析、任务实施和成果展示等方面，采用学生自评、学生互评、教师评价相结合的多元评价方式对该任务进行评价，任务评价表见表 2–3–5。

表 2–3–5 任务评价表

序号	评价要求	学生自评（占比 30%）	学生互评（占比 30%）	教师评价（占比 40%）
1	能正确设置 Bootstrap 导航栏的标签结构（20 分）			
2	点击按钮可正确显示隐藏的下拉菜单（30 分）			
3	在两种分辨率下均排版正确，功能实现正常（30 分）			
4	作品展示及工作过程分享时逻辑清晰、表达清楚（20 分）			
综合得分				

七、知识巩固与提高

1. 单项选择题

（1）以下不属于 Bootstrap 特点的是（　　）。

A. 移动终端优先

B. 响应式设计

C. 包含大量的内置组件，易于定制

D. 闭源软件

（2）可以将导航栏固定在顶部的类是（　　）。

A. navbar–fixed–top　　B. navbar–fixed–bottom

C. navbar–static–top　　D. navbar–inverse

（3）导航条在小屏幕中显示时会被折叠，实现显示和折叠功能的按钮需要（　　）。

A. 折叠按钮加 data–toggle="collapsed"，折叠容器加 collapsed 类

B. 折叠按钮加 data–toggle="collapse"，折叠容器加 collapse 类

C. 折叠按钮加 data–toggle="scroll"，折叠容器加 collapse 类

D. 折叠按钮加 data–spy="scroll"，折叠容器加 collapse 类

（4）导航条在小屏幕中显示时会被折叠，按钮和容器通过（　　）进行匹配。

A. 折叠按钮加 aria-expanded="false"，折叠容器加 id="false"

B. 折叠按钮加 data-toggle="collapse"，折叠容器加 collapse 类

C. 折叠按钮加 data-target=" 选择符 "，折叠容器加同名选择符属性

D. 折叠按钮加 data-target=" 名称 "，折叠容器加 class=" 名称 "

（5）导航栏中 class="navbar-brand" 的作用是（　　）。

A. 设置导航栏默认样式

B. 设置品牌图标、logo 的样式

C. 对于导航栏中普通文本设置行距和颜色

D. 固定标签结构，没有特殊效果

2. 判断题

（1）Bootstrap 插件不全部依赖 jQuery。（　　）

（2）导航栏中 class="navbar-header" 用于控制排版，在手机端和非手机端下的排版效果不一样。（　　）

（3）导航栏中的菜单列表 <ul> 不需要添加任何 class 就能实现效果。（　　）

（4）导航栏及其组件的样式是固定的，不能随意修改。（　　）

（5）导航条的滚动监听效果是通过 id 名称进行识别的。（　　）

实训任务 4　使用 Bootstrap 组件和 JS 插件制作网页内容

一、任务情境

小吴现在需要使用 Bootstrap 为某企业制作网站联系栏，并且可以根据浏览设备分辨率调整排布。

本任务要求完成的网页格式符合 W3C 行业标准，与效果图一致。参考效果如图 2-4-1 所示。

超小屏幕，如手机（xs）

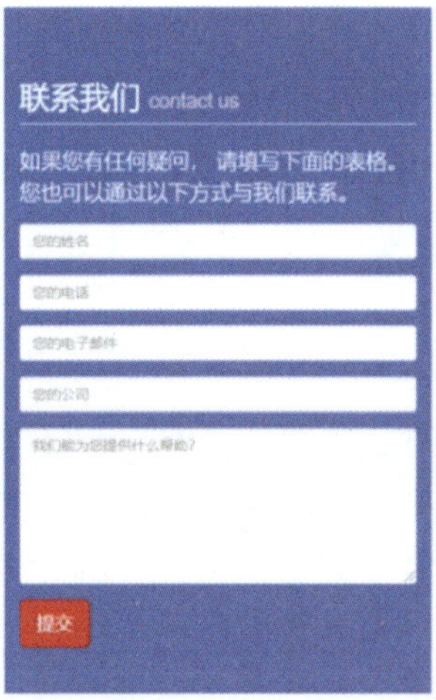

小屏幕，如平板（sm）

中等屏幕（md）

大屏幕（lg）

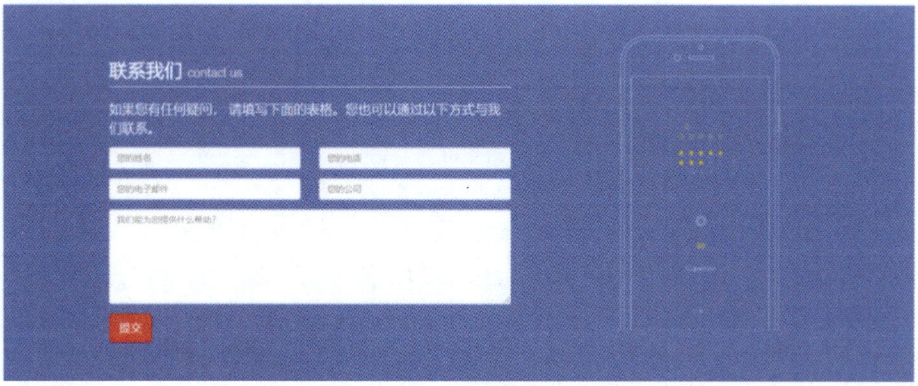

图 2-4-1　参考效果图

二、任务分析

本任务的内容是通过 Bootstrap 的栅格系统配合其他组件一起制作出效果。先通过

巨幕组件制作整体区域，再通过栅格系统划分左右两个区域，在手机和平板设备下，右侧的图片区域将不再显示。左侧的表单组件也会根据设备改变布局，所以该部分还需再嵌入一个栅格系统。

三、计划制订

根据任务分析，制订完成本任务的工作计划，填入表 2–4–1 中。

表 2–4–1　工作计划

序号	工作内容	所需时间

四、知识准备

按照表 2–4–2 提示，完成本任务涉及的 HTML 相关知识的填写。

表 2–4–2　HTML 标签

序号	内容	标签
1	巨幕组件的标签	
2	标题和副标题标签	
3	分割线的 class	
4	控制不同分辨率下隐藏的 class	
5	大的提交按钮标签	
6	控制图片响应式的 class	

五、任务实施

根据任务要求和工作计划，按照表 2-4-3 所列操作步骤提示完成操作。

表 2-4-3　操作步骤提示

序号	操作步骤	内容
1	框架架设	为页面添加 Bootstrap 框架相关文件
2	页面布局结构	使用巨幕组件，嵌入栅格布局实现排版，在表单部分再次嵌入栅格布局进行制作
3	添加组件	为页面各容器添加标题、图片、表单组件完成制作
4	完善细节	按任务效果修改部分外观样式

六、任务评价

任务完成后，向同学展示作品，解说完成任务过程中的心得体会。展示完毕，可以从任务分析、任务实施和成果展示等方面，采用学生自评、学生互评、教师评价相结合的多元评价方式对该任务进行评价，任务评价表见表 2-4-4。

表 2-4-4　任务评价表

序号	评价要求	学生自评（占比 30%）	学生互评（占比 30%）	教师评价（占比 40%）
1	能正确使用各种组件（30 分）			
2	整体样式效果符合要求（30 分）			
3	在不同分辨率下均排版正确（20 分）			
4	作品展示及工作过程分享时逻辑清晰、表达清楚（20 分）			
综合得分				

七、知识巩固与提高

以下是单项选择题。

1. 如果让一个元素在计算机端显示而在手机端隐藏，下列代码中正确的是（　　）。

A. visible-xs-8 hidden-md　　B. visible-md-8 hidden-xs

C. visible-md-8 hidden-sm　　D. visible-sm-8 hidden-md

2. 在 Bootstrap 中，以下各类中，不属于文本对齐方式的是（　　）。

A. .text-left　　B. .text-middle

C. .text-right　　D. .text-justify

3. 在 Bootstrap 中，以下各类中，不属于按钮尺寸的是（　　）。

A. .btn-lg　　B. .btn-md

C. .btn-sm　　D. .btn-xs

4. 以下各类中，用于为表格和其中的每个单元格增加边框的是（　　）。

A. .table-hover　　B. .table-bordered

C. .table-condensed　　D. .table

5. 缩略图组件需要添加（　　）类。

A. .thumbnail　　B. .container

C. .form-control　　D. .jumbotron